哈播地区金多金属矿床地球化学特征研究

孟中能　张乾　向贤礼　著

北　京

冶 金 工 业 出 版 社

2019

内 容 简 介

本书选取位于云南省元阳县境内的哈播富碱侵入岩体及其接触带金矿床、外围铅锌矿床作为研究对象，采用光学显微镜、电子探针（EPMA）、扫描电镜（SEM）、X 射线荧光光谱 AXIOS（PW4400）、电感耦合等离子质谱仪（ICP-MS）、连续硫同位素质谱仪 CF-IRMS、MAT-262 质谱仪、电感耦合等离子体质谱仪（Agilent 7700x）、Linkam THMSG 600 型冷热台等分析仪器对区内岩体及矿床进行了比较系统的成岩成矿年代学、微量元素、流体包裹体、同位素、矿床成因等方面的研究，共采集样品 2000 余件。为了方便读者查阅相关数据，所有分析数据均用表或者图列出。

本书可供从事矿物学、岩石学、矿床学、地层学、大地构造、地球物理学、地球化学等研究工作的科研人员阅读，也可供高等院校地质学、资源勘查工程等专业师生参考。

图书在版编目（CIP）数据

哈播地区金多金属矿床地球化学特征研究/孟中能，张乾，向贤礼著 . —北京：冶金工业出版社，2019. 7
ISBN 978-7-5024-8149-0

Ⅰ. ①哈… Ⅱ. ①孟… ②张… ③向… Ⅲ. ①多金属矿床—地球化学标志—研究 Ⅳ. ①P618. 201

中国版本图书馆 CIP 数据核字（2019）第 125891 号

出 版 人 谭学余
地 址 北京市东城区嵩祝院北巷 39 号 邮编 100009 电话 （010）64027926
网 址 www.cnmip.com.cn 电子信箱 yjcbs@cnmip.com.cn
责任编辑 李培禄 美术编辑 彭子赫 版式设计 孙跃红
责任校对 郭惠兰 责任印制 李玉山
ISBN 978-7-5024-8149-0
冶金工业出版社出版发行；各地新华书店经销；三河市双峰印刷装订有限公司印刷
2019 年 7 月第 1 版，2019 年 7 月第 1 次印刷
169mm×239mm；10 印张；193 千字；141 页
47.00 元
冶金工业出版社 投稿电话 （010）64027932 投稿信箱 tougao@cnmip.com.cn
冶金工业出版社营销中心 电话 （010）64044283 传真 （010）64027893
冶金工业出版社天猫旗舰店 yjgycbs.tmall.com
（本书如有印装质量问题，本社营销中心负责退换）

前　言

约 65Ma（Ma 为百万年）以来，"三江"地区遭受了印度与欧亚大陆碰撞而引发的强烈陆内变形，形成了一系列 NW-NNW 向的走滑断裂体系和褶皱带，如哀牢山-红河断裂带、崇山断裂带、高黎贡-实皆断裂带等。同时，与这些新生代走滑断裂体系相伴出露众多钾质火成岩体，有学者认为由于受控于新生代陆内走滑转换构造应力场，这些钾质火成岩体沿该走滑断裂体系及其附近分布，其中于哀牢山-红河断裂带形成了长达千余千米、宽 50~80km 的富碱岩浆岩带，被称为哀牢山-红河富碱侵入岩带。最近研究表明，这些富碱岩体与带上金、铜、钼等金属成矿（如玉龙斑岩型铜矿、马厂青铜矿、北衙金多金属矿）密切相关，是一个可能的哀牢山-红河新生代成矿带。作为我国铜、钼、金等金属矿产的重要产区，近年来众多学者对"三江"地区新生代富碱侵入岩体及相关大型、超大型矿床做了细致研究并取得了很多重要成果。研究表明，印-亚大陆碰撞导致的深部岩浆上涌是形成"三江"地区喜山期典型铜-钼-金等多金属矿床的主要诱因，区内成矿物质来源与喜山期富碱斑岩有着密切关系，富碱斑岩体及相关矿床形成时间主要位于 30~40Ma 之间，其成矿物质来源具有明显的壳幔混合特征。

研究区元阳哈播位于扬子准地台丽江台缘褶皱带与唐古拉-昌都-兰坪-思茅褶皱系墨江-绿春褶皱束结合部之阿墨江断裂带与红河剪切带夹持的哀牢山造山带南段的外带，属于金沙江-哀牢山富碱斑岩带南段重要组成部分。该区出露地层包括古生代马邓岩群、古近系、志留系及中生界中-上三叠统等。区内构造发育，岩石类型复杂，岩浆活动频繁，先后经历了华力西期、印支期、燕山期和喜山期等多期、多层次变形叠加等地质事件，造就了丰富且复杂的多金属矿化。研究区历经华力西期、印支期、燕山期、喜山期等多期、多层次构造变动，不同性质断裂与不同规模剪切带及劈理、裂隙极为发育，为矿液的活动及富集提供了条件，沿早期北西向区域大断裂与晚期北东向次级断裂两侧及附近已发现非常多的矿床（点），初步的研究表明古生界变质岩地层、断裂构造、岩浆岩体、晚期岩脉与本区铜、金、钼、铅锌、铁矿成矿关系较密切，已知 Cu、Pb、Zn、Au 等矿床（点）星罗棋布，如分布在北边的元阳大坪金矿，南边的绿春牛孔金矿、牛波金矿、元阳哈播金矿、阿树金矿、阿东铅锌矿、沙普金矿、绿春炭山金铁矿、三道班含铜磁铁矿等。此外，该区布格重力异常为叠加在绿春-坪河宽缓重力低异常中心部位的一个北西向长轴状局部重力低，区内成矿元素 Au、Pb、Zn 及相关元素 As、Sb、Hg、Ag、Cu、Cd、W、S、Bi 和 Mo 等组合复杂，多具三级浓度分带，以含量高、规模大和水平分带清晰为特征。可见，元阳哈播物化探异常套合较好，是 Pb、Zn、Cu、Au 多金属成矿的有利区段，研究区主要矿床类型初步划分为蚀变破碎带型、矽卡岩型、斑岩型。但研究区目前存在成矿认识相对简单、成矿时代不清、成矿流体研究缺乏、成矿物质来源不清、比较矿床学研究不足等问题。因此有必要对研究区进行详细的成岩成矿年代学、微量元素、流体包裹体、同位素、矿床成因等方面的研究。

本书总共7章。第1章介绍了"三江"地区新生代典型岩浆热液矿床的研究现状，如玉龙斑岩型铜矿、马厂箐铜矿、北衙金多金属矿床的研究现状，同时介绍了哈播富碱侵入岩体及其周边矿床的研究现状，并以此确定研究内容和分析方法等。第2章系统阐述了区域地层、三江地区构造演化、哀牢山-红河断裂带的基本特征、区域岩浆岩及矿产等。第3章系统介绍了研究区金矿床、磁铁矿床、铅锌矿床的矿区地层、构造、岩浆岩、围岩蚀变及矿化特征等，并对各个矿床类型进行对比研究。第4章对研究区的岩浆岩进行了系统的岩石学、主微量元素、同位素、年代学、构造环境等分析，并进行区域对比。第5章对研究区金矿床及铅锌矿床进行了微量稀土元素、流体包裹体、硫-铅同位素、成矿年代学等研究。第6章在前5章对比研究的基础上，系统总结研究区成矿地质背景、物质来源、流体特征、成矿时代，在此基础上总结矿床成因，构建合理的成矿模式并结合地球物理资料展望成矿远景区。第7章总结本书取得的成果及存在问题。在进行矿床黄铁矿 Re-Os 成矿年龄研究时，由于样品初测 Re、Os 含量较低，未能获得有效的直接成矿年龄；本次研究未能系统采集到石英、方解石等用于 C-H-O 同位素研究的合适样品，所以未能对成矿流体来源进行更深入的研究。

　　完成本书的编写工作要特别感谢我的导师张乾研究员。张老师不仅是我的学业导师，同时也是我的人生导师。师从张老师五年来，张老师细心教导我如何在生活中做人做事，对我的平时生活状况也是特别的关心，作为导师，张老师能为我考虑的已经不能再多了。在工作中，张老师总是事无巨细地指导我，从本书的选题到方法的实施，从样品的采集到实验的完成，从数据的分析到成书，无不凝聚着张老师的心血，正是张老师细心的教导，才使我在不断的挫败中明白了在将来的工作中如何去做好自己的工作。在此，祝愿张老师今后身体越来越好，万事如意。感谢矿床地球化学国家重点实验室的叶霖研究员、刘玉平研究员和蓝江波副研究员，在本书编写过程中给予我莫大的帮助。同时感谢云南省第二地质大队为本书提供详细的地质资料，还要感谢同门师兄王大鹏、蔡伊、张永斌及师姐何芳对我的帮助和指导。本书得到队所合作横向项目（Y4QT030000）和贵州省普通高校喀斯特工程物探研究中心资助项目（黔教合 KY 字［2015］340）的联合资助。

　　由于作者时间和水平所限，书中难免有不妥之处，恳请广大读者批评指正。

孟中能

2019 年 3 月 22 日

本 书 导 读

　　哈播富碱侵入岩体位于云南省元阳县境内,该岩体位于红河-哀牢山富碱斑岩带南段西侧,近年来开始引起学者们的注意。目前,围绕着哈播富碱侵入岩体接触带及外围发现了一系列中小型铜、金及铅锌矿床。但是由于该地区相关矿床地质及地球化学研究较为薄弱,相关金矿床(哈播金矿、哈埂金矿、沙普金矿及舍俄金矿)、铅锌矿床(阿东铅锌矿及多脚铅锌矿)成因及这些矿床与区内哈播富碱侵入岩体的关系尚不清楚,这直接制约了该地区找矿勘探工作的进一步进行。本书通过系统研究区域地质背景、哈播富碱侵入岩体及相关金-铅锌矿床地质地球化学和年代学,探讨矿床成因,建立成矿模式,主要取得以下成果:

　　(1)岩体地质学及地球化学特征。哈播富碱侵入岩体岩性主要为正长斑岩,具有较高的 K_2O+Na_2O 含量,K_2O 含量>Na_2O 含量,为高钾、富碱、过铝质类型,属钾玄岩系列。岩石富集大离子亲石元素,亏损高场强元素,显示出 Ta、Nb 和 Ti 具"TNT"负异常,以及俯冲带幔源岩石的成分特点。哈播富碱侵入岩体不同单元岩石微量稀土元素特征基本一致,显示出不同岩石单元具有相似的岩浆来源和演化过程。

　　(2)岩体 U-Pb 年代学特征及构造环境。LA-ICP-MS 锆石 U-Pb 年代学研究表明,哈播富碱侵入岩体四个单元成岩年龄分别为:坪山单元 36.48Ma±0.45Ma;三道班单元 35.41Ma±0.34Ma;阿树单元 37.18Ma±0.39Ma;哈播南山单元 33.53Ma±0.35Ma。显示出哈播富碱侵入岩体形成于喜山期,与"三江"地区喜山期典型富碱斑岩形成峰期年龄一致。构造环境分析显示,哈播富碱侵入岩体主要形成于大陆弧环境。

　　(3)矿床元素及同位素地球化学特征。

　　1)研究区金-铅锌矿床与哈播富碱侵入岩体有着相似的稀土元素配分图解,均为轻稀土富集的右倾配分模式,表明二者经历了相似的地球化学过程,具有相同的物质来源。

2) 流体包裹体研究显示，金矿床成矿温度相对较高，分别为：哈播在 180~436℃ 之间（平均 309℃，$n=18$），哈埂在 226~400℃ 之间（平均 317℃，$n=29$），沙普在 151~385℃ 之间（平均 290℃，$n=27$），舍俄在 183~324℃ 之间（平均 258℃，$n=23$）；而铅锌矿床成矿温度相对较低，分别为：多脚在 210~321℃ 之间（平均 260℃，$n=16$），阿东在 143~335℃ 之间（平均 194℃，$n=70$）。所有矿床流体盐度总体位于 10% 附近，主要属于中等盐度流体，而包裹体温度随着矿床与哈播富碱侵入岩体空间关系的变化也显示出从金矿到铅锌矿依次递减的效应，这暗示金-铅锌矿床成矿流体属于同一流体。

3) 金矿床及铅矿矿床硫同位素值位于 -4‰~4‰ 之间。其中，哈播金矿、哈埂金矿和沙普金矿床硫同位素组成基本一致，集中在 0 值附近，其变化范围分别为 -0.52‰~0.46‰（均值 -0.05‰，$n=6$）、-0.21‰~2.69‰（均值 1.13‰，$n=6$）和 -1.91‰~ -0.41‰（均值 -0.98‰，$n=5$）；舍俄金矿硫同位素组成尽管有较大变化范围（-3.04‰~ -0.05‰），但其均值（-1.42‰，$n=5$）也基本在 0 值附近；阿东和多脚铅锌矿硫同位素组成相对最低，以较小负值为特征，其变化范围分别为 -3.82‰~ -0.47‰（均值 -2.72‰，$n=7$）和 -3.45‰~ -3.37‰（均值 -3.41‰，$n=2$），暗示金-铅锌矿床成矿物质主要为岩浆来源，而硫同位素值从金矿到铅锌矿的递减效应则暗示二者具有相同物质来源，流体在搬运和矿质沉淀过程中硫同位素的分馏效应导致了递减效应的形成。

4) 铅同位素研究表明，哈播富碱侵入岩体铅同位素组成相对均一，其 $^{206}Pb/^{204}Pb$ 变化范围为 18.608~18.761，$^{207}Pb/^{204}Pb$ 变化范围为 15.572~15.722，$^{208}Pb/^{204}Pb$ 变化范围为 38.599~39.110。区内金矿床铅同位素组成与该岩体铅同位素组成特征非常相似，其 $^{206}Pb/^{204}Pb$ 变化范围为 18.564~18.734，$^{207}Pb/^{204}Pb$ 变化范围为 15.582~15.738，$^{208}Pb/^{204}Pb$ 变化范围为 38.592~39.319。而铅锌矿床的铅同位素组成和哈播富碱侵入岩体铅同位素组成有一定差异，但总体一致，其 $^{206}Pb/^{204}Pb$ 变化范围为 18.523~18.648，$^{207}Pb/^{204}Pb$ 变化范围为 15.599~15.802，$^{208}Pb/^{204}Pb$ 变化范围为 38.659~39.206。从哈播富碱侵入岩体与其周边金-铅锌矿床铅同位素组成来看，二者具有相似的铅来源，以地幔与下地壳混合的深源铅为主，仅一些矿床（特别是铅锌矿床）在成矿过程中因上地壳物质的混入而导致其铅同位素组成上有一定差异。

（4）成矿年代学。区内成岩成矿年代学对比研究表明，区内金矿床及铅锌矿床成矿时代属于喜山期，其成矿时代稍晚于哈播斑岩型铜-钼-金矿床。

（5）矿床成因。通过对哈播富碱侵入岩体及其周边金-铅锌矿地质及地球化学研究认为，在喜山期，伴随着大规模的区域构造作用，诱发了富含铜、金、铅、锌等成矿物质的富碱岩浆的上侵，同时，从岩浆中分异出的含矿热液沿着构造断裂发育的马邓岩群变质地层运移，在有利的构造位置富集成矿。结合前人研究成果综合考虑，我们认为研究区金-铅锌矿床属典型斑岩型矿床，从哈播富碱侵入岩体中心到其周边围岩，其金-铅锌矿床大致展布格局为：哈播斑岩型铜-钼矿（岩体中心），哈播、哈埂、沙普及舍俄金矿（岩体与围岩接触带），阿东及多脚铅锌矿（远离岩体的围岩中）。

Summary

The Habo alkaline intrusion is a typical Cenozoic intrusion, located in Yuanyang County, Yunnan province, China, and is in southern section of the Red River-Ailaoshan alkaline porphyry belt. There are a series of small to medium-sized Au and Pb-(Zn) deposits distributed around this intrusion. These deposits are spatially associated with the Habo alkaline intrusion. However, studies of geology and geochemistry about those deposits are very weak, the genesis of Au (Habo, Hageng, Shapu and Shee) and Pb-Zn (Adong and Duojiao) deposits and their relations with the Habo alkaline intrusion are not clear, which restricts further ore-prospecting work in this area. This paper will systematically study regional geology, geochemistry and chronology of the Habo alkaline intrusion and its surrounding Au and Pb-Zn deposits, and investigate the genesis of those deposits and their Metallogenic model. The main conclusions are listed as follows:

(1) Geology and geochemistry of the alkali-rich intrusion.

The Habo alkaline intrusion, dominated by syenite porphyry, has a characteristic of high K_2O+Na_2O and $K_2O>Na_2O$, belonging to high K, alkali-rich and aluminum-rich type and shoshonite series. It enriched LILE and HFSE and show traits of TNT type negative anomalies of Ta, Nb and Ti, and the characteristics of mantle sourced rock that derived from the subduction zone. The Similarity of REE distribution patterns of four units (EP, ES, EA and EH) from the Habo alkaline intrusion means that they share same source materials and evolution process.

(2) U-Pb chronology of zircons from the intrusion and its tectonic background.

U-Pb zircon dating of the four units of Habo alkaline intrusion gave the ages: 36. 48Ma ± 0. 45Ma (EP), 35. 41Ma ± 0. 34Ma (ES), 37. 18Ma ± 0. 39Ma (EA) and 33. 53Ma±0. 35Ma (EH), respectively. All ages belong to the Himalayan Period, which are consistent with the peak period of typical porphyries from the Sanjiang Area. Tectonic setting study shows that the Habo alkaline intrusion belongs to continentalarc type.

(3) Geochemical characteristics of elements and isotopic compositions.

1) Similarity of REE distribution patterns from the Habo alkaline intrusion and its surrounding Au and Pb-Zn deposits means that both of them share the same source materials and evolution process.

2) Fluid inclusions study shows that Au deposits have relative high ore-forming temperature with Habo ranging from 180℃ to 436℃ (mean value: 309℃, $n = 18$), Hageng from 226℃ to 400℃ (mean value: 317℃, $n = 29$), Shapu from 151℃ to 385℃ (mean value: 290℃, $n = 27$) and Shee from 183℃ to 324℃ (mean value: 258℃, $n = 23$). Pb-Zn deposits, however, have relative low ore-forming temperature with Duojiaofrom 210℃ to 321℃ (mean value: 260℃, $n = 16$) and Adong from 143℃ to 335℃ (mean value: 194℃, $n = 70$). Salinities of Au and Pb-Zn deposits are about 10%, means that ore-forming fluids belongs to medium-salinity fluids. Otherwise, the descending effect of ore-forming temperature from Au to Pb-Zn deposits spatial means that both of them share the same fluid.

3) Sulfur isotopic data shows that almost all of the δ^{34}S values ranging from −4. 0‰ to 4. 0‰: ① the δ^{34}S values of Au deposits range from−1. 91‰ to 2. 69‰ with Habo from −0. 52‰ to 0. 46‰ (mean value = −0. 05‰), Hagengfrom −0. 21‰ to 2. 69‰ (mean value = 1. 13‰), and Shapu from

-1. 91‰ to 0. 41‰ (mean value = -0. 98‰) . ② the δ^{34} S values of Pb-(Zn) deposit range from - 3. 82‰ to 0. 05‰ with Shee from - 3. 04‰ to -0. 05‰ (mean value = -1. 42‰) , Adong from -3. 82‰ to -0. 47‰ (mean value = -2. 72‰) , and Duojiao from -3. 45‰ to -3. 37‰ (mean value = -3. 41‰) , and both indicate that ore-forming elements mainly derived from magmatic fluids. Most importantly, the decreasing trend of δ^{34}S mean valuesamong these depositsmay indicate that the source of ore-forming elements of Au and Pb-(Zn) deposits were derived from the Haboalkaline intrusion, and the fractionation effects of sulfur isotopes may lead to the decreasing trend during migration of fluid and ore formation process.

4) The Haboalkaline intrusion has relatively homogeneous Pb isotopic compositions within ^{206}Pb/^{204}Pb ranging from 18. 608 to 18. 761, ^{207}Pb/^{204}Pb from 15. 572 to 15. 722 and ^{208}Pb/^{204}Pb from 38. 599 to 39. 110, which are similar to those of Au deposits, whose ^{206}Pb/^{204}Pb ranging from 18. 564 to 18. 734, ^{207}Pb/^{204}Pb from 15. 582 to 15. 738 and ^{208}Pb/^{204}Pb from 38. 592 to 39. 319, both implying that Pb mainly derived from the depth, probably representing a mixture of mantle and crust. Pb-(Zn) deposits, however, show a decentralized trait, and most of them aresimilar to that of the alkaline intrusion within ^{206}Pb/^{204}Pb ranging from 18. 523 to 18. 648, ^{207}Pb/^{204}Pb from 15. 599 to 15. 802 and ^{208}Pb/^{204}Pb from 38. 659 to 39. 206. It can be concluded from the Pb isotopic compositions that all of deposits almost share the same source materials with the Haboalkaline intrusion, the source differences between some deposits, like AdongPb deposit and DuojiaoPb deposit, and the Habo alkaline intrusion maybe are some sedimentary materials involved in during hydrothermal migrations and ore formation process.

(4) Metallogenic chronology.

The comparison study of chronology from rocks and depositsfrom the study area shows that the metallogenic age of Au and Pb-Zn deposits belongs to the himalayan period, their metallogenic age should be later than the Haboporphyry Cu-Mo-Au deposit.

(5) The genesis of Au and Pb-Zn deposits.

From systematically study regional geology, geochemical and chronology of the Habo alkaline intrusion and its surrounding Au and Pb-Zn deposits, it wise to conclude that a large regional tectonic activities lead to the invasion of Cu-Au-Pb-Zn riched magma in the Himalayan Period, ore-forming fluids, meanwhile, flowed along with the faults that located in the Paleozoic Maden-gRock Group and enrichment. Combining with previous results, we suggest that the Habo Au and Pb-(Zn) deposits typically are Ailaoshan-Red River-Cenozoic alkaline-related deposits and ore-forming periods of these deposits are later than that of the Habo alkaline intrusion. Its metallogenic series including porphyry Cu-Mo, magma-related fracture hydrothermal vein type Fe-Au, and magma-related fracture hydrothermal vein type Pb-(Zn) deposits.

目　录

1 绪 论

1.1 "三江"地区新生代典型岩浆热液矿床研究现状

约 65Ma 以来，"三江"地区遭受了印度与欧亚大陆碰撞而引发的强烈陆内变形，形成了一系列 NW-NNW 向的走滑断裂体系和褶皱带，如哀牢山-红河断裂带、崇山断裂带、高黎贡-实皆断裂带等（Zhang et al.，2009；Hou et al.，2003；Yinet al.，2000；季建清等，2000；Chung et al.，1998，1997；Wang et al.，1997；Turner et al.，1996；张玉泉等，1987）。同时，与这些新生代走滑断裂体系相伴出露众多钾质火成岩体，有学者认为由于受控于新生代陆内走滑转换构造应力场（侯增谦等，2006），这些钾质火成岩体沿该走滑断裂体系及其附近分布，其中于哀牢山-红河断裂带形成了长达千余千米、宽 50~80km 的富碱岩浆岩带，被称为哀牢山-红河富碱侵入岩带（毕献武等，2005）。最近研究表明，这些富碱岩体与带上金、铜、钼等金属成矿（如玉龙斑岩型铜矿、马厂青铜矿、北衙金多金属矿）密切相关，是一个可能的哀牢山-红河新生代成矿带（毕献武等，2005；王登红等，2004；Hu et al.，2004；Hou et al.，2003；Wang et al.，2001；张玉泉等，1997）。

作为我国铜、钼、金等金属矿产的重要产区，近年来众多学者对"三江"地区新生代富碱侵入岩体及相关大型、超大型矿床做了细致研究并取得了很多重要成果。

玉龙斑岩型铜矿床成矿期黑云母二长花岗斑岩的年龄为 37~40Ma 之间（郭利果等，2006；梁华英，2002a；马鸿文，1989），其主体成矿年龄为 35~40Ma 之间（郭利果等，2006；Hou et al.，2003；唐仁鲤等，1995；杜安道等，1994），长时限多期幕式岩浆侵入和成矿期物理化学条件的剧变，是形成玉龙超大型斑岩铜矿的主要原因。玉龙斑岩铜矿与金沙江-红河成矿带众多新生代斑岩铜矿一样，属于印度-亚欧大陆 45Ma 陆陆主体碰撞之后第一次大规模应力释放的产物（郭利果等，2006）。姜耀辉等（2006a）认为，藏东玉龙斑岩成矿带中的含矿斑岩形成于陆-陆碰撞构造环境。含矿斑岩属于钾玄质岩石。同时具有埃达克岩某些地球化学特征，岩石是由至少 100km 深处的二辉橄榄质岩石圈地幔中交代成因的金云母石榴石单斜辉石岩脉发生低程度部分熔融而形成的。这种交代成因脉很有可能是来自中元古代俯冲洋壳的硅酸盐-碳酸盐流体的交代作用以及少许来自俯冲洋壳的熔体的混染作用的产物。印度-亚洲大陆碰撞形成了金沙江区域性走滑断裂系统，并导致软流圈地幔上涌，最终诱发交代岩石圈地幔的部分熔融而形成含矿斑岩。

马厂箐铜矿床为产于马厂箐岩体内外接触带的一斑岩型矿床，其岩体为一复式岩体，富碱侵入岩具有多期多阶段的特点，其岩浆活动的时限为 52~29Ma（彭建堂等，2005；梁华英，2004）。马厂箐铜钼矿床存在两期成矿作用，早期成矿时间为 37~40Ma，主要是形成石英+辉钼矿型矿石；晚期成矿时间为 34~35Ma，主要形成石英+黄铜矿+黄铁矿+斑铜矿型矿石，富碱侵入岩的成岩、成矿具有明显的空间联系，铜钼成矿主要与岩体的晚期岩浆活动密切相关（彭建堂等，2005；王登红等，2004）。胡瑞忠等（1997）认为，马厂箐铜矿床的成矿流体，系由不同性质和组成的两个端元流体混合而成。其两个端元流体分别是：（1）形成马厂箐富碱斑岩体之壳幔混合岩浆分异出的富含硫和碳等挥发分的高温岩浆流体；（2）富含地壳放射成因氩但具空气氢同位素组成特征、贫硫和碳等挥发性组分的大气成因低温地下水。

北衙金多金属矿田是藏东-金沙江-哀牢山新生代富碱斑岩成矿带中南段的代表性矿床之一。研究认为，其主要成矿期岩体侵位年龄为 24~36Ma 之间，区内金多金属矿床可划分为三个矿床类型和七个矿床亚类，即与喜马拉雅早-中期斑岩有关的金多金属矿床（Ⅰ），包括接触带矽卡岩型、斑岩型和热液充填型（及熔浆型）金多金属矿床；与喜马拉雅第三期斑岩有关的金多金属矿床（Ⅱ），包括爆破角砾岩型和叠加热液改造型金多金属矿床；以及与喜马拉雅期表生作用有关的风化堆积型金矿床（Ⅲ），包括古砂矿型和红色黏土型金矿床。Ⅰ、Ⅱ类型矿床受富碱斑岩及伴生的 NE 到 NNE 向断裂控制，赋存于富碱斑岩体内、内外接触带及其附近围岩的层间破碎带或构造裂隙带中，在成因和空间上与斑岩及隐爆角砾岩等密切有关。成矿物质和成矿流体主要来源于地幔，围岩地层只是提供了成矿的空间，不同类型的矿体之间呈"贯通式"的时间和空间关系，构成了一个统一的喜马拉雅期富碱斑岩-热液型金多金属成矿系统（薛传东等，2008）。和文言等（2012）认为，北衙金多金属矿田的成矿作用是岩浆作用与热液成矿作用连续作用的结果，为斑岩型-热液型连续成矿系列的典型代表，同时也是对印-亚大陆碰撞的响应。

综上，印-亚大陆碰撞导致的深部岩浆上涌是形成"三江"地区喜山期典型铜-钼-金等多金属矿床的主要诱因，区内成矿物质来源与喜山期富碱斑岩有着密切关系，富碱斑岩体及相关矿床形成时间主要位于 30~40Ma 之间，其成矿物质来源具有明显的壳幔混合特征。

1.2 哈播富碱侵入岩体及其周边矿床研究现状

研究区元阳哈播位于扬子准地台丽江台缘褶皱带与唐古拉-昌都-兰坪-思茅

褶皱系墨江-绿春褶皱束结合部之阿墨江断裂带与红河剪切带夹持的哀牢山造山带南段的外带，属于金沙江-哀牢山富碱斑岩带南段重要组成部分（祝向平等，2009）。该区出露地层包括古生代马邓岩群、古近系、志留系及中生界中-上三叠统等。区内构造发育，岩石类型复杂，岩浆活动频繁，先后经历了华力西期、印支期、燕山期和喜山期等多期、多层次变形叠加等地质事件，造就了丰富且复杂的多金属矿化。研究区历经华力西期、印支期、燕山期、喜山期等多期、多层次构造变动，不同性质断裂与不同规模剪切带及劈理、裂隙极为发育，为矿液的活动及富集提供了条件，沿早期北西向区域大断裂及晚期北东向次级断裂两侧及附近已发现非常多的矿床（点），初步的研究表明古生界变质岩地层、断裂构造、岩浆岩体、晚期岩脉与本区铜、金、钼、铅锌、铁矿成矿关系较密切，已知 Cu、Pb、Zn、Au 等矿床（点）星罗棋布，如分布在北边的元阳大坪金矿，南边的绿春牛孔金矿、牛波金矿、元阳哈播金矿、阿树金矿、阿东铅锌矿、沙普金矿、绿春炭山金铁矿、三道班含铜磁铁矿等。此外，该区布格重力异常为叠加在绿春-坪河宽缓重力低异常中心部位的一个北西向长轴状局部重力低，区内成矿元素 Au、Pb、Zn 及相关元素 As、Sb、Hg、Ag、Cu、Cd、W、S、Bi 和 Mo 等组合复杂，多具三级浓度分带，以含量高、规模大和水平分带清晰为特征（黄元有等，2011）。可见，元阳哈播物化探异常套合较好，是 Pb、Zn、Cu、Au 多金属成矿的有利区段（黄元有等，2011；祝向平等，2009）。目前研究区主要矿床类型初步划分为以下三种（云南现代矿业勘查有限公司，2006）：

（1）蚀变破碎带型：矿体受北西向区域断裂和北东向次级断裂控制，多数产于区域深大断裂旁侧的次级破碎带中，成矿围岩为板岩、砂岩、千枚岩、碱性正长岩、花岗闪长岩。成矿物质来源主要是构造热液，成矿温度属低温型。矿体沿破碎带呈带状、似层状、透镜状、囊状分布，矿床规模小型到大型，主要矿种为金矿、铜矿、铅锌矿。该矿床类型典型代表有绿春牛孔金矿、元阳哈播金矿、阿东铅锌矿。

（2）矽卡岩型：矿体产于与碱性正长岩、细晶岩、煌斑岩的接触带上，成矿围岩为板岩、变质砂泥岩、千枚岩、碱性正长岩。成矿物质来源主要是岩浆期后热液，成矿温度属中高温。矿体沿接触带呈脉状、透镜状、不规则状分布，矿体形态、产状、规模变化大，矿床规模小型以下，主要矿种为金矿、铜矿、钼矿、磁铁矿。该矿床类型代表有绿春三道班含铜磁铁矿、元阳阿树金矿。

（3）斑岩型：矿床的形成与晚期侵入黑云母石英二长斑岩、石英二长斑岩直接相关，矿体产于斑岩内和石英二长斑岩与喜山期花岗岩岩体接触带，呈面型矿化，一般矿体规模较大。成矿物质来源主要是岩浆热液，成矿温度属中高温，根据蚀变矿物组合从里到外分为钾化带、绢英岩化带，青盘岩化不发育。钾化带和钾化-绢英岩化带的过渡部位是有利赋矿地段。矿体形态简单，呈带状、面型

分布，一般规模达中大型以上，主要矿种为铜、金、钼。该矿床类型典型代表是
元阳哈播富碱侵入岩体南区斑岩型铜-钼-金矿床。

1.3　研究内容

由于研究区矿床（点）多为近年来才发现和开采的，相关矿床地质和地球
化学研究程度非常低，除哈播金-铜-钼多金属矿床开展过一定岩石学、成矿流体
和同位素研究外（祝向平等，2012，2009），有限的资料仅是对矿床（点）产出
特征进行简单描述，如哈播（赵德奎等，2009）、依里（何海蛟，2011）、岩甲
（荣惠锋等，2004）等。因此，本区地质研究还存在以下问题和不足：

（1）成矿认识相对简单。由于地质地球化学研究非常薄弱，至今本区成矿
理论的认识基本为火山沉积改造，认为成矿作用属于多期次、多来源和多成因，
即矿源层形成-岩浆热液初始富集-构造变质热液富集成矿（徐荣等，2012；张俊
等，2011；何海蛟，2011；赵德奎等，2009）。随着一些地质地球化学研究的深
入，如哈播金-铜-钼富碱斑岩成矿系统（祝向平等，2012，2009）等新的研究成
果表明，事实上元阳哈播相关矿床成矿作用复杂，需要重新厘定各类矿化特征及
类型，确定相关优势矿产资源的成矿模式以指导相关地质勘探。

（2）成矿时代不清。除哈播金-铜-钼矿床进行过辉钼矿 Re－Os 法同位素定
年外（35Ma，祝向平等，2009），其余矿床（点）依然缺少精确同位素年代学数
据，致使各类成矿作用认识缺少地质地球化学证据的支持。

（3）成矿流体研究缺乏。研究区仅哈播金-铜-钼矿床开展了一定成矿流体温
度与盐度测量（祝向平等，2012），其余矿床（点）成矿流体研究一直是空白，且
缺少包裹体 H、O、C 同位素数据，成矿流体性质、来源和演化更无从谈起。

（4）成矿物质来源不清。仅根据成矿元素背景值初步认为马邓岩群或三叠
系上统砂岩、板岩及流纹岩为矿源层（何海蛟，2011；赵德奎等，2009；荣惠锋
等，2004），此外，一些结果表明成矿物质来源于喜山期侵入岩（祝向平等，
2009），两种认识依然缺少硫、铅等同位素和微量元素等地球化学证据。

（5）各类侵入岩岩石地球化学和年代学研究薄弱。本区历经华力西期、印
支期、燕山期、喜山期等 4 期热事件。其中，华力西期表现为基性岩浆侵入与喷
溢；印支期表现为中酸性-酸性岩浆活动，喷出岩岩石类型有火山碎屑岩（上兰
组中）、中酸性火山岩（攀天阁组中），侵入岩呈岩株、岩床、岩墙侵位于上三
叠统地层和马邓岩群中，岩石类型有钾长花岗岩、花岗斑岩和分布在老集寨一带
的石英斑岩；燕山期活动较弱，主要表现为零星基性岩浆侵入，呈岩筒、岩墙侵
位于上三叠统和中-上志留统地层中，岩石类型主要有橄榄辉长岩、辉长岩及相
伴产出的角砾状煌斑岩；喜山期活动较强但分布局限，主要表现为碱性岩和具成
生联系的细晶岩脉、石英正长岩脉等的侵入，其中哈播主岩体（出露面积

$26.2km^2$）具多期脉动侵入特征，划分为由坪山单元（EP）、三道班单元（ES）、阿树单元（EA）、哈播南山单元（EH）组成的哈播超单元，岩石类型依次分别为细粒辉石角闪正长岩、定向流动状中粗粒含石英黑云角闪碱长正长岩、中粗粒石英角闪碱长正长岩、中粒石英正长岩。与哈播超单元具成生联系的浅成碱-酸性侵入脉岩的岩脉类型主要有石英正长斑岩脉、霓石正长斑岩、正长细晶岩脉、石英斜长细晶岩脉和花岗细晶岩脉等5种。可见，本区岩浆活动频繁且复杂，然而，除了哈播南山花岗岩、黑云母二长斑岩和二长斑岩进行过相关岩石地球化学和同位素精确定年（36Ma，祝向平，2009）外，其余研究一直是空白。事实上本区各类侵入岩都存在一定的矿化（祝向平，2010；云南现代矿业勘查有限公司，2006）。

（6）比较矿床学研究不足，难以对研究区成矿潜力进行评价。研究区位于金沙江-哀牢山富碱斑岩带南段，其地质特征与该富碱斑岩带北段和中段基本一致，目前在北段和中段发现了一系列大型斑岩型铜-金多金属矿床，如玉龙、北衙等（毕献武等，2005），而研究区目前所发现的最大矿床仅为中-小型（哈播金-铜-钼多金属矿床，祝向平等，2012，2009），本区是否存在形成大型斑岩型Au-Cu-Mo矿床可能性呢？研究区西北老王寨大型金矿床与矿化关系最为密切的是基性熔岩和煌斑岩类，其成矿流体可能为幔源（梁业恒等，2011），元阳哈播地区煌斑岩众多，大量深源物质的出露是否也带来了相关 Au 矿化？

因此，有必要对具良好成矿远景的元阳哈播展开系统的岩浆岩岩石地球化学及同位素定年，建立正确岩浆岩演化历史，并对研究区各类矿化进行微量、同位素、成矿流体等矿床地球化学研究，查明矿床成因和成矿规律，建立相关成矿模式，为本区 Au、Cu、Pb、Zn 等矿产资源勘查提供实际地质地球化学依据。

考虑到研究区存在的以上问题，本次研究的具体内容如下：

（1）区域成岩成矿对比：系统收集整理研究区及区域富碱侵入岩体的研究成果，结合区域构造演化特征，对比成岩成矿时空分布规律，确定成岩与成矿的关系。

（2）元素及同位素地球化学研究：对研究区进行详细地质调查，系统采集具有代表性的样品，对样品进行分类整理，在室内详细显微鉴定基础之上，利用最新的测试方法，对岩体所有地质单元主量、微量、稀土和年代学进行研究，同时分析矿床微量稀土元素、S-P 同位素地球化学特征，综合岩体和矿床地质地球化学特征，分析成矿物质和成矿流体的来源，探讨哈播富碱侵入岩体提供成矿物质的潜力。

（3）矿床成因研究：全面总结成矿物质来源及成岩成矿年代，探讨控矿地质因素，总结矿床成因，构造矿床成矿模式，指出该区域下一步可能的找矿方向。

1.4　分析方法

样品分析方法如下：

（1）样品采集：本次研究完成三次野外地质考察，共采集样品 228 件，其中 40 件样品采自哈播富碱侵入岩体（7 件来自三道班单元、7 件来自坪山单元、15 件来自阿树单元、11 件来自哈播南山单元），35 件采自阿东铅锌矿，25 件采自多脚铅锌矿，20 件采自舍俄金矿，25 件采自沙普金矿，37 件采自哈埂金矿，46 件采自哈播金矿。

（2）光学显微镜：总共磨制了 65 片光薄片，薄片均在中科院地化所制备。显微镜观察主要用来确定矿物生成顺序，矿石矿物及蚀变特征。

（3）扫描电镜（SEM）及电子探针（EPMA）：扫描电镜在中科院地化所完成。扫描电镜主要用来鉴定矿物和观察矿物结构，同时获取高清晰照片，为电子探针和激光剥蚀等离子质谱提供精确的分析位置。

（4）主量元素分析：主量元素分析工作在中国科学院地球化学研究所矿床地球化学国家重点实验室完成，采用 X 射线荧光光谱法，所用仪器型号为 AXIOS（PW4400），分析误差小于 3%。主量元素分析流程包括玻璃融熔制样和烧失量计算两个步骤：（1）玻璃融熔制样：将样品碎至 200 目以下，称样 0.7g 与 7g 助熔剂装入坩埚中，用玻璃棒搅拌均匀后，倒入铂金坩埚中，加入适量溴化锂，然后将铂金坩埚在 1200℃下加热 20min，经过"振荡"等工序，将融熔样品倒入模具，冷却后制成玻璃样片待测；（2）烧失量计算：在电子天平上称取坩埚重量 W_1，加入大约 1g 样品，称总重量 W_2；然后放入马弗炉中于 900℃ 灼烧约 3h，取出后放在干燥皿中冷却，称量总重 W_4；通过公式 $LOI = (W_2 - W_4)/(W_2 - W_1)$，计算得到烧失量。

（5）微量元素分析：微量元素和稀土元素分析样品的前处理在中国科学院地球化学研究所矿床地球化学国家重点实验室完成，具体处理流程如下：准确称取 200 目以下样品 50mg，放入带盖的 PTFE 坩埚中，加入 1mL HF 放在电热板上蒸干去掉大部分的 SiO_2，再加 1mL HF 和 1mL HNO_3，把 PTFE 坩埚放到带不锈钢外套的封闭装置中，加盖，放入电热箱中，升温至 200℃ 左右，加热 48h。取出坩埚冷却后，加入 1mL HNO_3，在电热板上蒸干，重复一次，再加 2mL HNO_3、5mL 蒸馏水和 1mL 1μg/mL Rh 的内标溶液，把 PTFE 坩埚放回带不锈钢外套的封闭装置中，加盖，放入电热箱在 130℃ 下加热 4h 左右。取出冷却后，移至离心管中并且稀释到 50mL。花岗岩样品微量元素后期测试工作在中国科学院地球化学研究所矿床地球化学国家重点实验室完成，矿石样品后期测试工作在中国地质科学院国家地质实验测试中心完成，分析仪器均为电感耦合等离子质谱仪（ICP-MS），分析方法和流程见相关文献（Qi et al., 2000；刘颖等，1996），分析精度优于 5%。

（6）硫同位素分析：硫同位素分析在中国科学院地球化学研究所环境地球化学国家重点实验室完成，具体流程如下：首先在双目镜下手工挑选出磁黄铁矿、黄铁矿、闪锌矿、方铅矿和黄铜矿，纯度均达 99% 以上，在玛瑙钵中研磨至 200 目以下，不同矿物加入不同比例的 CuO（黄铁矿：CuO = 1 : 6；磁黄铁矿：CuO = 1 : 8；闪锌矿：CuO = 1 : 6；方铅矿：CuO = 1 : 4），充分混合后装入容器中，置于马弗炉内，加热至 1000℃，在真空条件下保持 15min，将矿物中的 S 氧化成 SO_2。分析测试采用连续硫同位素质谱仪 CF-IRMS（EA-Iso Prine Euro 3000，GV instruments）配备 Elemental Analyzer 进样器完成，标准物质选用 GBW 04414（Ag_2S，$\delta^{34}S_{CDT} = 0.07‰\pm0.13‰$）、GBW 04415（$Ag_2S$，$\delta^{34}S_{CDT} = 22.15‰$ $\pm0.14‰$），数据采用相对国际硫同位素标准 CDT（Canyon Diablo Troilite）值表示，测试误差小于 $\pm0.2‰$（2δ）。

（7）铅同位素分析：硫化物及全岩的铅同位素组成分析在中国地质调查局武汉地质矿产研究所完成。分析仪器为 MAT-262 质谱仪。将样品研磨至 200 目以下。称取适量样品放入聚四氟乙烯坩埚中，加入氢氟酸、高氯酸溶解样品。样品溶解后将其蒸干，再加入盐酸溶解蒸干后加入 0.5mL HBr 溶液溶解样品。溶解的样品通过强碱性阴离子交换树脂对铅进行提纯，再用 0.5mL HBr 溶液淋洗树脂，最后用 6mL HCl 溶液解脱，将解脱溶液蒸干以备质谱分析。

（8）锆石 U-Pb 分析：锆石 LA-ICP-MS U-Pb 定年在中科院地球化学研究所矿床地球化学国家重点实验室完成。电感耦合等离子体质谱仪由日本安捷伦公司制造，型号为 Agilent 7700x，激光剥蚀系统由德国 LamdaPhysik 公司制造，型号为 GeoLasPro。ArF 准分子激光发生器产生 193nm 深紫外光束，经匀化光路聚焦于锆石表面，激光束斑直径为 32μm，能量密度为 $10J/cm^2$，剥蚀频率为 5Hz，共计 40s，剥蚀颗粒物被氦气送入质谱仪中完成测试。测试过程中以标准锆石 91500 为外标校正元素分馏，以标准锆石 GJ-1 与 Plešovice 作为盲样监控数据质量，以 NIST SRM 610 为外标、以 Si 为内标测定锆石中的 Pb 元素含量，以 Zr 为内标测定其余微量元素含量（Hu et al.，2011；Liu et al.，2010a）。测试数据经过 ICPMS DataCal 软件离线处理完成（Liu et al.，2010a，2010b）。

（9）流体包裹体测试：流体包裹体的显微测温工作在矿床地球化学国家重点实验室的流体包裹体室完成，分析仪器为 Linkam THMSG 600 型冷热台，测温范围 $-196\sim600℃$，冷冻数据和加热数据精度分别为 $\pm0.1℃$ 和 $\pm2℃$。水溶液冰点温度测定时，升温速度由开始时的 10℃/min 逐渐降低为 5℃/min、1℃/min，临近相变点时降到 0.5℃/min。完全均一温度测定时，开始时的升温速度为 20℃/min，临近相变时降到 1℃/min。

2 区域地质特征

研究区大地构造背景属于扬子准地台丽江台缘褶皱带与唐古拉-昌都-兰坪-思茅褶皱系墨江-绿春褶皱束结合部。按陆内造山带划分，本区处于阿墨江断裂带与红河剪切带夹持的哀牢山造山带南段的外带，即哀牢山剪切带与欧梅断裂夹持部位（图 2-1 和图 2-2）。研究区位于云南省南部，哈播河-勐拉河南岸，地理坐标：东经 102°17′04″~102°58′30″，北纬 22°46′24″~23°02′41″，项目工作划定预测区面积 378.32km² （图 2-2），其行政区划隶属云南省红河州元阳、金平、绿春三县交界区域。

2.1 区域地层

研究区位于扬子地台西缘、哀牢山造山带南段西侧（图 2-1）。区内地层出露不全，主要有古生界马邓岩群、志留系、三叠系，出露地层从老到新详细描述如下：

（1）古生界马邓岩群。

古生界马邓岩群由云南地矿局区调队 1990 年创名于镇沅县者东乡马邓村，为一套强变形、弱变质的浅变质岩系，该岩群经墨江进入本区，往南东可能延入越南（图 2-2）。其中马邓岩群外麦地岩组（Pzw）岩性为浅灰或灰黄色变质砂岩、深灰至灰黑色千枚岩夹变质硅质岩、结晶灰岩、碳质板岩条带，分布在欧梅断裂和黄草岭断裂之间，呈北西向带状展布，南界以欧梅断裂与志留系曼波组接触，北界以黄草岭断裂与三叠系歪古村组或三合洞组分割，按岩性组合特征可自南西向北东划分为 a、b、c 三个无上下关系的岩段，各岩段之间为断裂分割（云南省地质矿产开发局，2001）。

1）外麦地岩组 a 段（Pzwᵃ）：位于外麦地岩组南侧，以一套灰色绢云千枚岩和变质石英砂岩为主，夹绢云板岩、石英千枚状板岩、绢云砂质板岩的组合为特征，岩性相对较单一；

2）外麦地岩组 b 段（Pzwᵇ）：位于外麦地岩组中部，以一套呈间层状的灰至深灰色绢云石英千枚岩、含黄铁矿结晶硅质灰岩、变质石英砂岩为主，间夹条带状含碳泥质硅质岩、绢云千枚状板岩、硅质板岩和炭质绢云千枚岩为特征，各岩性层之间多为断层接触，并且具间隔状糜棱岩化，碳酸盐岩、硅质岩及炭质多呈似层状、透镜状展布，是该岩段的主要标志；

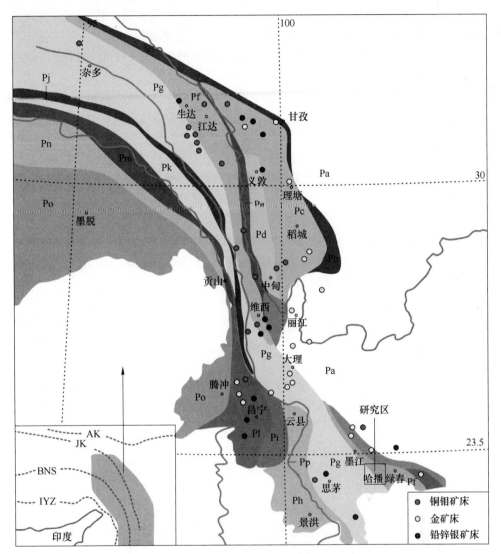

图 2-1 "三江" 地区构造框架及相关铜-钼-金-铅-锌-银矿床分布简图

Pa—扬子地块；Pb—甘孜理塘结合带；Pc—甘孜岛弧；Pd—中咱地块；AK—昆仑缝合带；

Pe—金沙江-哀牢山结合带；Pf—江达-维西-绿春复合弧；Pg—昌都-兰坪-思茅盆地；

Ph—临沧-景洪复合弧；JK—金沙江缝合带；Pi—昌宁-孟连结合带；Pj—类乌齐-东达山复合弧；

Pk—左贡陆块；Pl—保山地块；1YZ—雅鲁藏布缝合带；Pm—丁青-怒江结合带；

Pn—洛隆盆地；Po—波密-腾冲弧；Pp—澜沧江结合带；BNS—班公湖-怒江缝合带

（底图据刘增乾等，1993；Hou et al.，2007；邓军等，2011）

3）外麦地岩组 c 段（Pzw^c）：以北与三叠系歪古村组或三合洞组呈断层接触，南与外麦地岩组 b 段断层相隔，主要以一套灰、深灰、灰黑色千枚岩系列岩石间夹浅灰色变质石英砂岩为特征，岩石类型主要有绢云石英千枚岩、钠长石英千枚岩、钠长绿泥绢云石英千枚岩、绢云千枚岩、绿泥绢云千枚岩、变质石英砂岩等，岩性多以小型韧性剪切带或断层分隔，并具间隔状糜棱岩化带（云南省地质矿产开发局，2001）。

马邓岩群琪海岩组（Pzq）岩性为灰色千枚岩、变质砂岩夹灰黑-灰绿色千枚岩、变质玄武岩、结晶灰岩，呈北西向带状分布于研究区东部的元阳县归洞、堕铁一带。

（2）古生界志留系。

志留系水箐组（$S_{1-2}sh$）：岩性为灰色变质砂岩、变质粉砂岩、深灰色绢云板岩和粉沙质板岩，偶见硅质板岩、碳质板岩、结晶灰岩条带，呈北西向带状分布于研究区西南侧的绿春县平河乡略卡、东批一带；

古生界志留漫波组（$S_{2-3}m$）：岩性为灰色变质砂岩、变质粉砂岩、深灰色绢云板岩和粉沙质板岩夹深灰色结晶灰岩，呈北西向带状分布于研究区西南侧的绿春县平河乡炭山、高寨一带。

（3）中生界三叠系。

上兰组（T_2s）：岩性为灰、灰绿等杂色绢云板岩、粉沙质板岩夹砂岩、变质砂岩、结晶灰岩、泥灰岩，呈北西向带状分布于研究区北西侧的元阳县黄草岭乡锡欧、黄草丁一带；

攀天阁组（T_2p）：岩性为杂色变质砾岩、变质中酸性次火山岩夹板岩，呈北西向带状分布于研究区北西侧的元阳县俄扎乡多脚、俄马及黄草岭乡黑泥塘丁一带；

歪古村组（T_3w）：岩性为灰、灰绿色变质砾岩、砂岩、泥岩，呈北西向带状分布于研究区中部的元阳县欧黑、楚脚、金竹寨一带及残存状分布于研究区西南部的绿春县塔普北部、高寨一带。

此外，本区变质岩较为发育，主要变质岩带位于欧梅断裂与黄草岭断裂之间，变质作用以华力西末期至印支早期为主，并遭受了印支中期叠加变质。变质岩石类型主要包括千枚岩、变质砂岩、结晶灰岩、变质硅质岩、变质基性火山岩及糜棱岩化。三台坡（藤条河）断裂与老猛断裂夹持带间，曾发现一套以超基性至基性火成岩为主体，间夹有海相复理石与深灰色碳酸盐岩沉积的混杂岩带，超基性-基性岩岩性组合有呈席状岩墙产出的片理化辉长岩与辉绿岩和片理化气孔状玄武岩、透镜状磁铁矿蛇纹片岩及大量绿片岩系列岩石（据云南省第一地质大队相关资料），该岩系与新平县双沟蛇绿岩剖面同处于一个构造带，可能属一条残缺不全的蛇绿岩带，即为古洋壳残留物。

2.2 区域构造

研究区位于金沙江-哀牢山富碱斑岩带南段，夹持于哀牢山断裂和阿墨江断裂之间（图 2-1）。区内总体的构造线方向是北西-南东向，且线形特征明显（图 2-2），主要包括欧梅断裂、大排断裂、竹蓬山断裂、依东断裂、黄草岭断裂、归洞断裂、堕铁断裂、新寨断裂、坪寨断裂、老集寨断裂、依里断裂、沙普断裂、老猛（藤条河）断裂和三台坡断裂等，部分断裂描述如表 2-1 所示。其中，三台坡断裂北西端延至元阳攀枝花附近与哀牢山断裂相交后继续北延，构成扬子准地台与唐古拉-昌都-兰坪-思茅褶皱系的分界断裂，该断裂北东盘为具地台型沉积特征的古生代碳酸盐建造，而南西盘为具地槽型沉积特征的古生代带状杂岩地质体。研究区内主要发育 D1（华力西期）、D2（印支期）、D3（燕山期）及 D4（喜山早期）四期构造活动。

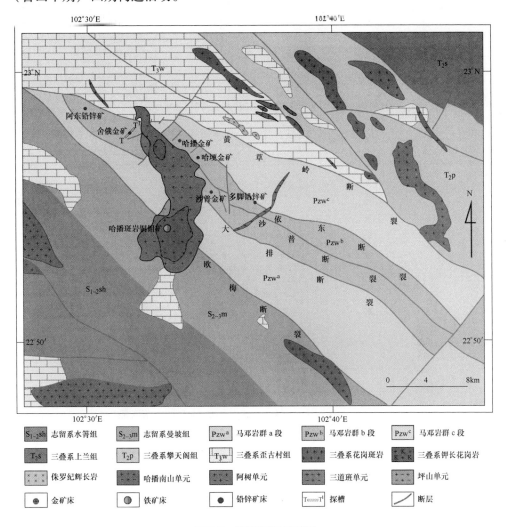

图 2-2　研究区地质简图

（据云南省第二地质大队，2014）

表 2-1　研究区断裂构造特征

断裂名称	走向/(°)	倾向/(°)	倾角/(°)	位移方向	长度/km	活动期	性质	主要特征
大排断裂	290~300	40	70	NE-SW	>26	D2~D3	逆冲	在断裂带上见脆性构造角砾岩，角砾略具定向性，两侧明显不同，且节理发育，局部见早期的脆韧性准糜棱岩
竹蓬山断裂	290~310	30	80	NE-SW	>13	D3	逆冲	该断裂在西端斜接早期的依东断裂，沿断裂带普遍见构造角砾岩，且石英脉成群发育，具褐铁矿化现象
依东断裂	280~310	30	70	NE-SW	>22	D2~D3	逆冲	见约 20m 宽的构造破碎带，断裂旁侧且剪切透镜体和牵引褶皱，局部可见保存完好的准糜棱岩，但糜棱岩具后期的碎裂岩化现象，为后期脆性断裂叠加所致
黄草岭断裂	290~320	北东	50~70	NE-SW	>28	D2~D4	逆冲	为一条规模较大多期活动断裂，中北段位线性地貌，沿断裂带多有泉水涌出。从现在地貌上来看，万三叠世地层逆推来盖在马邓岩群之上。沿断裂可见早期的准糜棱岩叠加了后期的碎裂岩化，对中晚三叠世的沉积具控盆作用
归洞大寨断裂	310~320	北东	65	NE-SW	>20	D3	逆冲	该断裂南北两端均出图，并在北端分为两支。在北端露头较好地段可见构造角砾岩明显定向排列并略具片理化现象，岩石褐铁矿化及规划强烈。在南段可见 Pzq 逆推来盖在三叠系地层之上
阿树断裂	35~55	北西	近直立	NE-SW	>6	D4	走滑	错断早期北西向断裂，并左右平移 400m 左右，沿断裂带岩石普遍碎裂岩化

欧梅断裂是研究区最主要断裂之一，它是九甲断裂的南延，总体表现出与区域上的九甲断裂带具有相同的属性，均属一条分划哀牢山造山外带与外缘冲断带或前陆盆地的边界断裂，但自燕山期后，区内的欧梅断裂带转化为一条岩浆活动带或地壳深部岩浆侵位的通道，显示出区域上九甲断裂南延后独特的演化特征（云南省地质矿产开发局，2001）。该断裂北东盘为古生代马邓岩群构造岩层，南西盘为仍具岩石地层特征的志留系弱变质地层，在二者之间有宽10~40m不等的准糜棱岩发育，糜棱面理倾向北东，倾角70°~80°。研究表明，欧梅断裂应发育于印支期，且是受北东向南西挤压应力作用下发生叠瓦状逆冲活动导致了欧梅断裂北东盘的迅速抬升及南西盘下降；至燕山期，构造变形不明显，主要表现为下地壳形成的基性岩浆沿断裂带隐爆与侵入，形成煌斑岩质角砾岩筒及基性岩墙、岩脉；喜山期沿欧梅断裂带仍有强烈的岩浆活动，并形成哈播富碱侵入岩体（云南省地质矿产开发局，2001）。

印支期，研究区发生一次具挤压收缩造山性质的构造变形，发育较大规模的脆韧性断裂有大排断裂、依东断裂和黄草岭断裂三条，主要发生在岩性差异较大的界面上，构成马邓岩群各岩组、岩段的分隔面。各断裂均倾向北东，倾角70°~80°，呈北西向斜贯全区（云南省地质矿产开发局，2001）。至燕山期，构造区已被抬升至浅表或表部层次，所表现出来的构造形迹以脆性为主，大排断裂、依东断裂和黄草岭断裂继续发生断裂活动，使早期的准糜棱岩叠加了该期碎裂岩化作用，断裂产状具继承性，并仍具逆冲性质（云南省地质矿产开发局，2001）。

喜山期，黄草岭断裂具挤压逆冲性质，其活动强烈、规模较大；阿树断裂具走滑特征，但规模较小，伴随黄草岭断裂发育，同时切断黄草岭断裂，属同期北西向断裂在逆冲过程中，由于岩席运移不均而发生垂向拉伸调整所致（云南省地质矿产开发局，2001）。

哈播花岗岩体与金沙江-哀牢山富碱斑岩带内其他斑岩侵入体的形成大体相似（祝向平，2009），其物源、侵位和形成等均受东特提斯"三江"造山带的控制，研究区内成矿作用主要受红河-哀牢山走滑断裂体系的分支断裂（如欧梅断裂等）的控制和影响。可见，区域内"三江"造山带演化和红河-哀牢山走滑断裂体系演化与研究区Au、Cu、Mo、Pb和Zn等成矿作用关系十分密切。

2.2.1 "三江"造山带构造演化

"三江"造山带是指印度板块东侧的斜向转换带，包括喜马拉雅东构造结南东至鲜水河-小江断裂和哀牢山-红河断裂以西的广阔地域，地理上属于青藏高原东南缘，跨越了中国境内的藏东、滇西、滇中和川西地区，向南一直延伸到东南亚缅甸、老挝和越南（侯增谦等，2008）。该造山带演化历史远早于印度和欧亚大陆的碰撞（钟大赉等，1996），主体属于古特提斯造山带（钟大赉，1998），约65Ma以来又遭受了印度大陆-欧亚大陆碰撞，产生强烈的陆内变形，并形成不同方向的走滑断裂组合（喻学惠等，2008），包括规模不同、性质差异的断裂和地体等，呈现高角度的构造特征和较强地震活动性。

"三江"特提斯构造域是全球大陆总体北移、泛大陆解体-重组-解体总的全球演化背景下形成的，"三江"造山带的形成是古特提斯与新特提斯形成演化及印度-亚洲大陆碰撞的综合结果。古特提斯的地质记录在我国西南"三江"地区保留最完整，可划分为三个演化阶段：古特提斯阶段、新特提斯阶段、印度-欧亚大陆碰撞与青藏高原形成阶段（莫宣学等，2006）。其中，新元古代末-早古生代初，随着全球泛大陆解体，形成南部冈瓦纳大陆群、北部劳亚大陆群和居间的泛华夏大陆群，南北两个大陆群之间为原特提斯洋，泛华夏大陆群各陆块即离散在原特提斯洋之中（偏东部），北部的古亚洲洋、中部的秦-祁-昆洋、巴颜喀拉洋和南部的金沙江-哀牢山洋及古澜沧江洋均是相通的，"三江"地区的洋和陆位于其南部（李兴振等，1999）。早古生代末，秦-祁-昆洋、金沙江-哀牢山洋和华南洋闭合，使一度分离的泛华夏大陆各陆块拼接成统一的泛华夏大陆，该大陆北面仍以古亚洲洋和劳亚大陆群相隔，而南界以古澜沧江洋与冈瓦纳大陆隔洋对峙，此时的古亚洲洋与古澜沧江洋通过居间的巴颜喀拉洋相互连接，形成向东张开的喇叭口形，统一的泛华夏大陆即位于东部近喇叭口一带（李兴振等，1999）。早石炭世开始，昌都-思茅陆块沿金沙江-哀牢山带再度裂离母大陆（泛华夏大陆），形成古特提斯的金沙江-哀牢山群，并与延续下来的古澜沧江洋及后来扩张形成的昌宁-孟连洋、甘孜-理塘洋一起构成"三江"地区古特提斯的四个洋盆，并与巴颜喀拉洋连为一体（莫宣学等，2006）。事实上，该阶段的澜沧江洋、昌宁-孟连洋、金沙江-哀牢山洋和甘孜-理塘洋可视为巴颜喀拉洋的南部分支，形成岛海相间的古构造、古地理格局，可见这个以巴颜喀拉洋为主题的南部特提斯洋在帕米尔以西与古生代残留下来的古亚洲洋相归并，使东特提斯仍保留向东开口的喇叭型（李兴振等，1999）。晚三叠世末～早侏罗世初，泛华夏大陆群的向西楔入使北部古亚洲洋和南部澜沧江洋、昌都-孟连洋、金沙江-哀牢山洋于晚古生代同步消亡，完成了横贯东西的古特提斯洋自西向东逐渐关闭的历史，其间冈瓦纳古陆的前缘与劳亚古陆的前缘碰撞拼合大约经历了150Ma（莫宣学等，2006），从而在全球第二次形成泛大陆，"三江"地区进入陆内汇聚造山阶段。

全球统一的泛大陆生命非常短暂，可谓瞬间即逝，大致与此同时或略早于晚三叠世末-早侏罗世，班公湖-怒江洋和雅鲁藏布江洋的形成，并贯穿整个冈瓦纳和欧亚大陆之间，表明泛大陆的解体。古特提斯以南的两支新特提斯洋同时打开，并大致于早-中侏罗世之交扩张到最大规模，然后开始消减、缩小，其中，北支班公湖-怒江洋在晚侏罗世初到早白垩世末（±160～100Ma）闭合，完成拉萨地块与羌塘地块的碰撞拼合过程；而南支雅鲁藏布洋闭合较晚，在白垩纪/古近纪之交（±65/70Ma）印度大陆开始与拉萨地块（即欧亚大陆南缘）碰撞，新特提斯洋从打开到闭合，经历了约140Ma（莫宣学等，2006）。随着冈瓦纳大陆的全面解体，印度洋形成并扩张，导致冈底斯陆块和印度陆块向北运移，促使班公湖-怒江洋和雅鲁藏布江洋先后于晚侏罗世和晚白垩世-始新世合并，至新生代"三江"乃至青藏高原地区进入印度陆块和欧亚大陆相碰撞的全面陆内汇聚阶段，并在"三江"地区形成"三江"基本构造格局。印度-欧亚大陆碰撞是青藏高原形成的直接原因，从开始到完成，整个碰撞过程用了约20Ma（65～40/45Ma），然后转入后碰撞阶段至今（莫宣学等，2006）。

由于碰撞造山作用的远距离效应，燕山晚期-喜马拉雅期的碰撞造山作用波及整个"三江"地区，这主要是印度陆块与扬了陆块相之间相汇聚的钳夹作用所致，并导致"三江"地区蜂腰的形成，即横断山脉最终定型。印度陆块和扬子陆块的汇聚其动力源主要来自印度洋的扩张和太平洋向西俯冲的推挤力，其中，印度洋的扩张导致印度陆块向北推进和雅鲁藏布江洋的闭合及喜马拉雅带陆-陆碰撞山系的形成；而太平洋的向西俯冲导致扬子陆块向西推进，对印度陆块向北推挤从侧面形成阻抗，主要表现为扬子陆块南缘红河断裂在第三纪中晚期的左行走滑，北缘秦岭-大别一带的右行走滑，昌都-思茅盆地东侧的大规模的向西逆冲推覆，乃至四川盆地西侧龙门山和东侧湘鄂西部向盆地内部的逆冲推覆（潘桂棠等，2003）。

约从65Ma以来，由于印度与欧亚大陆碰撞而引发的强烈陆内变形，并形成的青藏高原东缘地区，从构造上而言，该区是吸纳和调节印度-亚洲大陆碰撞应力应变的构造转换带，先后经历了古生代古特提斯造山作用和喜山期大规模陆内变形，其古生代造山作用主要表现为金沙江古特提斯洋盆俯冲消减和江达-维西弧发育，新生代变形主要表现为始新世-渐新世（40～24Ma）转换压扭变形，早-中中新世（24～17Ma）转换张扭变形和新近纪以来东西向伸展，先后形成了一系列 NW-NNW 走向的走滑断裂体系和褶皱带，如哀牢山-红河断裂带、崇山断裂带、高黎贡-实皆断裂带等（Zhang et al.，2009；Hou et al.，2003；Yin and Harrison，2000；Ji et al.，2000；Chung et al.，1998，1997；Wang and Burchfiel，1997；张玉泉等，1987）。其中，西部组合包括嘉黎和高黎贡走滑断裂，环绕东构造结发育，中部组合包括北段巴塘-丽江断裂和南段哀牢山-红河断裂（侯增谦等，2004）。前者呈 SN 向展布，右行走滑，而后者呈 NW 向延伸，左行走滑，两者构成东侧扬子陆块与西侧羌塘地体的边界断裂带。东部组合包括龙门山逆冲带和鲜水河、小江走滑断裂，沿走滑断裂发育一系列派生性的拉张盆地，如贡觉、剑川、大理盆地等。同时与这些新生代走滑断裂体系相伴出露众多钾质火成岩体，一些学者认为是受控于新生代陆内走滑转换构造应力场（侯增谦等，2006），这些富碱侵入岩体沿该断裂带及其附近分布，形成了长达千余公里、宽50～

80km 的富碱岩浆岩带，被称为哀牢山-红河富碱侵入岩带（毕献武等，2005）。近年来的研究表明这些富碱岩体与金、铜、钼等金属成矿密切相关，可能构成哀牢山-红河新生代成矿带（毕献武等，2005；Hu et al.，2004；王登红等，2004；Hou et al.，2003；Wang et al.，2001；张玉泉等，1997）。

2.2.2　哀牢山-红河断裂带

哀牢山-红河断裂带位于扬子板块西侧，属于特提斯构造域和滨太平洋构造域的衔接部位（郭晓东等，2008），宏观走向上呈北西-南东，介于扬子地块西南缘与思茅地块之间的构造带，其东边以红河断裂为界，西边以阿墨江断裂（部分学者认为是九甲-安定断裂）为界。总体上，哀牢山-红河断裂将青藏高原东南缘分割成两个部分，以北称为川滇地块，以南称为三江断褶带，两者呈现截然不同的地质和地貌特征。其中，川滇地块是中央高原的自然延伸，地形相对平坦，仅东缘因紧靠着鲜水河-小江断裂，断裂的活动性造成地形起伏很大，而"三江"断褶带因紧靠印度板块以及位于东南亚季风带内，地形起伏变化非常大。"三江"造山带可进一步划分为四个次级构造单元，由西向东分别为实皆断裂、高黎贡断裂、澜沧江断裂和红河哀牢山断裂（Wang and Burchfiel，1997），在遥感影像上呈清晰的线形构造，水系在穿过断裂时发生转折，表明这些断裂年轻且具活动性（侯增谦等，2008）。

哀牢山-红河构造带是"三江"造山带东侧最主要边界构造，控制着该区基本构造格局。已有的研究表明，哀牢山造山带在晚二叠世前处于被动大陆边缘裂谷环境，晚二叠世末，由于扬子板块西缘出现大规模的东西向收缩，致使哀牢山地区的裂谷夭折，继而沿薄弱带发生陆内俯冲作用，一方面将浅部古生代地层带往地壳深部，另一方面致使地表相对隆起，海水退出，因而该区缺失早三叠世沉积（张志斌等，2005）。中三叠世开始，由于陆内俯冲作用导致地块碰撞，哀牢山-红河构造带转入了以逆冲推覆作用为主的造山抬升阶段，属于哀牢山-红河造山带的造山主期（张志斌等，2005）。约65Ma以来，印度与欧亚大陆碰撞而引发的强烈陆内变形，哀牢山-红河造山带从属于印度-亚洲大陆碰撞形成的青藏高原东缘地区，受欧亚板块与印度板块碰撞的影响，哀牢山-红河造山带出现以压缩为主导的构造背景，在三叠纪造山带的基础上，叠加的喜马拉雅造山作用在哀牢山造山带主要表现为脆性走滑改造及与抬升相伴随的逆冲和正断层作用（张志斌等，2005）。越来越多的研究表明，哀牢山-红河构造带是东南亚最重要的构造带之一，为印支与扬子地块的界线。该构造带前期经历左行走滑，后期经历右行正断，其中，左行走滑归结于印度与欧亚大陆汇聚过程中的印支地块挤出，主要发生于距今34~17Ma之间，印度大陆与欧亚大陆碰撞使印支板块向SE滑移并顺时针旋转，导致其西界沿断裂右行走滑和东界哀牢山-红河构造带左行走滑

（Gilley et al., 2003；Leloup et al., 2001，1995；Zhang and Schärer, 1999；Harrison et al., 1996；Schärer et al., 1994；Tapponnier et al., 1990）。此外，后者左行走滑还导致了南海的打开扩张（张进江等，2006；Gilley et al., 2003；Leloup et al., 2001，1995；Harrison et al., 1996；Ratschbacher et al., 1996；钟大赉等，1989；Tapponnier et al., 1986）。从距今约5Ma开始，哀牢山-红河构造带转为右行正断层，形成红河断裂（张进江等，2006；Leloup et al., 2001，1993；Replumaz et al., 2001；Allen et al., 1984）。

2.2.3 九甲-欧梅断裂

九甲-欧梅断裂是研究区最主要断裂之一，它是九甲断裂的南延，总体表现出与区域上的九甲断裂带具有相同的属性，均属一条分划哀牢山造山外带与外缘冲断带或前陆盆地的边界断裂，但自燕山期后，区内的欧梅断裂带转化为一条岩浆活动带或地壳深部岩浆侵位的通道，显示出区域上九甲断裂南延后独特的演化特征（云南省地质矿产开发局，2001）。

该断裂北东盘为古生代马邓岩群构造岩层，南西盘为仍具岩石地层特征的志留系弱变质地层，在二者之间有宽10~40m不等的准糜棱岩发育，糜棱面理倾向北东，倾角70°~80°。研究表明，欧梅断裂应发育于印支期，且是受北东向南西挤压应力作用下发生叠瓦状逆冲活动导致了欧梅断裂北东盘的迅速抬升及南西盘下降；至燕山期，构造变形不明显，主要表现为下地壳形成的基性岩浆沿断裂带隐爆与侵入，形成煌斑岩质角砾岩筒及基性岩墙、岩脉；喜马拉雅期沿欧梅断裂带仍有强烈的岩浆活动，并形成哈播花岗岩侵入体（云南省地质矿产开发局，2001）。欧梅断裂往东，构造形迹渐变得模糊，与藤条江断裂带交汇，构成造山带浅变质岩系外带与前陆盆地边界。

2.2.4 藤条江-甘河断裂带

藤条江-甘河断裂带是金平断块边界性分划断裂带，呈反"S"形北西向展面，西与哀牢山剪切带相交，向东撒开进入越南，倾向北东。沿断裂带西盘为造山带外带构造岩层浅变质岩系，往东盘为正常的岩石地层，并且出现晚志留世-晚二叠世碳酸盐相地层，分布较大面积的晚二世基性火山岩类—峨眉山玄武岩（Pe）。

藤条江断裂：藤条江断裂为一条分划性多期活动区域性大断裂，对区内地球物理场、地球化学场、地质构造、岩浆活动均产生重要影响。沿断裂带及北东侧广泛分布喜马拉雅期铜厂序列碱性正长岩岩枝、岩株，在南板桥、平安寨等地，被北东向断裂切错，断裂带被岩体吞噬。构造岩组成以碎裂岩、碎粒岩、断层泥为主，倾向北东，属逆断层性质。

甘河断裂：甘河断裂为一条多期活动区域性大断裂，早期可能表现为张性，控制区内平安寨-铜厂一带喜马拉雅期铜厂序列的碱性正长岩岩枝、岩株产出、分布，晚期表现为逆冲性质。破碎带宽50~800m，构造岩组成以碎裂岩、碎粒岩、断层泥为主，倾向南西，部分较陡，达85°。

2.2.5　区域断裂构造组合特征

区内主要分划性剪切带、断裂构造及组合，反映出哀牢山造山带南段总体构造结构形式，即由各分划性剪切带、断裂带相分割的造山带，具有明显的深变带-浅变带-未变质带三层并列复合的带状构造结构特征。总体由红河剪切带和哀牢山剪切带夹持的哀牢山岩群组成造山带内带深变质岩系，由九甲-欧梅断裂带、藤条江-甘河断裂带与哀牢山剪切带夹持的马邓岩群组成的造山带外带为浅质岩系，及其前缘不整合于浅变质岩系之上的盖层组合，按传统槽台学说大地构造观点划分为哀牢山断块、绿春褶皱束、金平断块。各构造断块、岩片向北东推覆逆冲，构成造山带"半花"状构造组合（熊家镛，张志斑，蔡麒麟苏，胡建军等，1998）。哀牢山造山带南段构造形式总体与北段相类似，但组成造山带各构造单元，在沉积建造、岩浆活动、变形变质、成矿作用存在区域一致性之外，还表现出一定的差异性。这种一致性和差异性受控于哀牢山造山带所处的更大尺度的构造地质背景，表现在造山运动上多期次、多层次、多旋回性继承和叠加，是"三江"造山带经由特提斯构造演化阶段后，印度板块和亚欧板块碰撞造山作用的最终结果。

2.3　区域岩浆岩

新生代以来，哀牢山-红河走滑断裂带经历的多期左行走滑诱发了带内多个富碱斑岩体的侵位，这些富碱斑岩体多呈岩株、岩脉状成群产出，并沿哀牢山-红河走滑断裂带两侧分布。这些富碱斑岩体的侵位多受哀牢山-红河走滑断裂体系分支断裂控制，岩性以花岗斑岩、石英二长斑岩和石英正长斑岩为主，多数斑岩体与Au、Cu、Mo、Pb、Zn等成矿作用关系密切，因而备受众多地质工作者所关注。按其空间分布，目前已发现的与成矿关系密切的斑岩群（体）由北向南依次包括：北衙正长斑岩群、马厂箐石英二长斑岩-花岗斑岩群、姚安正长斑岩群、巍山石英二长斑岩群、哈播石英二长斑岩侵入体和铜厂石英正长斑岩侵入体等（图2-1）。

研究区内经历了多期次的断裂构造活动，为岩浆的侵入、运移提供了较多空间，导致该区岩浆岩分布十分广泛，主要为晚古生代变质基性火山岩和中、新生代变质中酸性次火山岩、花岗岩（云南现代矿业勘查有限公司，2009）。总体上，本区历经华力西期、印支期、燕山期、喜山期等4期热事件：

（1）华力西期表现为基性岩浆侵入与喷溢，喷出岩岩石类型主要有片理化变质杏仁状玄武岩、变质橄榄玄武岩和变质基性火山岩（马邓岩群中）、火山角砾状细碧岩、细碧岩、凝灰岩等，侵入岩有基性-超基性席状岩墙群（变质辉长岩、辉绿岩、钠长绿帘绿泥片岩、二云钠长片岩等）；

（2）印支期表现为中酸性-酸性岩浆活动，喷溢、侵入均有，喷出岩岩石类型有火山碎屑岩（上兰组中）、中酸性火山岩（攀天阁组中），侵入岩呈岩株、岩床、岩墙侵位于上三叠统地层和马邓岩群中，岩石类型有钾长花岗岩、花岗斑岩和分布在老集寨一带的石英斑岩；

（3）燕山期岩浆活动较弱，主要表现为零星基性岩浆侵入，呈岩筒、岩墙侵位于上三叠统和中至上志留统地层中，岩石类型主要有橄榄辉长岩、辉长岩及相伴产出的角砾状煌斑岩；

（4）喜山期，本区岩浆活动较强但分布局限，主要表现为碱性岩和具成因联系的细晶岩脉、石英正长岩脉等，其中，哈播主岩体（出露面积 $26.2km^2$）具多期脉动侵入特征，呈近南北向侵位于欧梅断裂带上，与古生界马邓岩群、志留系和中生界上三叠统呈侵入接触关系。

此外，研究区脉岩十分发育，以喜山期的煌斑岩和花岗细晶岩（脉）最为常见，研究区内的各类矿化与这些脉岩多具有很好的空间关系。其中，与哈播超单元具成因联系的浅成碱-酸性侵入脉岩的岩脉类型主要有石英正长斑岩脉、霓石正长斑岩、正长细晶岩脉、石英斜长细晶岩脉和花岗细晶岩脉等5种。而本区煌斑岩以角闪云斜煌斑岩为主，多呈黄褐色、灰褐绿色，煌斑结构，块状构造，斑晶主要为普通角闪石（8%～10%）、黑云母（11%～22%），基质多为斜长石（36%～60%）、黑云母（7%～18%），含少量的角闪石，位于断裂附近，受热流动力作用的影响，岩石遭受到强烈的次生蚀变，使原岩矿物组分及组构发生了很大的变化，岩石斑晶中的角闪石已完全被石英、褐铁矿、绢云母和碳酸盐矿物及黄铁矿所代替，仅有部分结晶体残留原柱状晶体假象，黑云母同样被褐铁矿、绢云母、石英、绿泥石等所代替，基质中的暗色矿物蚀变与斑晶矿物类同，斜长石普遍被石英、方解石、黏土质所代替，该类岩石在构造作用下常造成碎裂岩化，后期的方解石脉、石英、绢云母化、硅化、黄铁矿化沿碎裂隙充填，而这些蚀变都与金成矿关系密切。后文将详述本区煌斑岩与细晶岩岩石学和年代学特征。

2.4 区域矿产资源

哀牢山成矿带南段是我国重要的黄金生产和勘查基地，在云南省有两大著名金矿床，分别为墨江金厂金矿和元阳大坪金矿，均位于哀牢山成矿带南段，且具有近千年开采历史。此外，沿哀牢山造山带分布数量众多的金矿床和矿化点，在哀牢山北段规模较大的金矿床有镇沅县老王寨金矿（超大型）、冬瓜林金矿、墨江县金厂金矿（大型）等，而在哀牢山南段分布有大坪金矿、老金山金矿、金竹林金矿、马鹿塘金矿等大型矿床，另有牛孔、牛机、老么多、干沟冲、牛栏冲、龙潭坝、老勐等矿床及矿化点。随着区域找矿工作的不断深入，不但对老矿山，如金厂金矿、大坪金矿、铜厂金矿等的中、深部找矿取得一定的突破，而且还新发现了龙潭、哈播、虾洞、双沟、大马尖山等数量众多的"红土型"及伴生金矿床点，如今，哀牢山造山带南段逐渐成为我国西南地区重要的金矿资源勘查、开发基地。越来越多的研究表明，哀牢山造山带南段的这些金矿床（点）在区域上明显受 NW-SE 展布的红河、哀牢山及九甲-安定 3 条深大断裂，以及由这 3 条深大断裂所夹的两个深、浅变质单元组成哀牢山构造带的基本构造格架所控制。目前，该带发现的金矿床（点）几乎都分布在哀牢山浅变质岩带中，受区域深大断裂带上盘及次级断裂构造控制，区内发现金矿分布极为分散和不平衡。

哀牢山南段位于青藏高原东缘西南"三江"成矿带南部金沙江-哀牢山成矿带最南端，与特提斯构造域演化及印度板块和亚欧板块碰撞造山地质背景相对应，区域成矿时期主要经历三个重要阶段：晚泥盆世-中三叠世的古特提斯阶段、晚三叠世-白垩纪/古近纪之交新特提斯阶段、65Ma 之后印度-亚洲大陆碰撞-后碰撞阶段。按《云南矿床区域成矿模式》划分，主要区域成矿模式有与岩浆作用有关的成矿系列、韧性剪切带（断裂破碎带）热液成矿系列以及与变质作用有关的矿床成矿系列组合三大类型。

2.4.1　与岩浆作用有关的成矿系列类型

2.4.1.1　镁铁质-超镁铁质岩类成矿系列类型

区域镁铁质-超镁铁质岩类成矿系列类型主要形成时期为华力西期，以金宝山铂钯矿和白马寨铜镍矿为代表（304～322Ma），与古特提期阶段强烈的区域拉伸扩张造成的镁铁质-超镁铁质岩类侵位有关，构成铂钯、铜、镍、铁成矿亚系列。控矿的基性-超基性岩带主要沿北西向深大断裂带分布，常与火山岩相伴。含矿性与产状明显相关：以陡倾岩墙产出的分异差，除石棉外含矿差；规模大的席状杂岩体，可形成大型贫铂钯矿；规模较小的岩盆、岩筒、岩舌，熔离分异彻底，含矿性高，常形成中小型铜镍矿床。区域内该类型重要矿床还有金平地区的铜厂坡铜镍矿、阿得博铜镍矿、蒋家坪铜镍矿、牛栏冲铜镍矿、营盘铜镍矿和南科铜镍矿等。

2.4.1.2　花岗岩类成矿系列类型

哀牢山南段印支-燕山期花岗岩类钨锡、铜、铅锌、金多金属成矿较为常见，主要成矿类型有如下几种（金平-绿春金铜矿评价，2004）：

（1）铌钽钇稀土成矿组合：分布于金平阿得博-勐坪-大坪一带，呈北西向面型展布，长十几千米，矿体赋存于碱性钾长花岗岩风化壳和脉型褐铁矿中。

（2）单一锡矿成矿组合：分布于金平田房一带，锡矿赋存于燕山期花岗岩外接触带的硅化、褐铁矿化蚀变带中，属硫化物型锡矿；呈细脉状、浸染状产出，变化复杂，规模小。已知矿产有田房锡矿（小型）。

（3）石英脉型金成矿组合（有文献归于剪切带型）：主要与中—酸性侵入岩有关，多呈石英脉型和褐铁矿脉型出现。分布于大坪-金平一带，围绕金河断裂和大坪—金平断裂的两侧分布，含矿脉体大多产出于闪长岩体中，部分产于碳酸盐岩-碎屑岩围岩内。长者数千米，短者几十米，厚度薄，小于2m，受压扭性断层控制，延伸稳定。处于接触带附近的矿脉，一般含金量较高，局部地段最高可达500g/t。容矿岩石为石英脉，矿石矿物为自然金、黄铜矿、方铅矿、辉银矿、黄铁矿等。已知矿产有大坪金矿（大型）、金竹林金矿（小型）、三家金矿（矿点）、普龙寨金矿（矿点）等。

2.4.1.3 斑岩类成矿系列类型

哀牢山南段斑岩成矿为本次研究重点，根据区域相关资料，本区斑岩就位时期主要为印支期和喜马拉雅期，同属青藏高原东缘斑岩成矿带组成部分。该成矿带北西起自西藏玉龙，经研究区哈播-老集寨-铜厂，向南东进入越南，绵延数千千米。

（1）印支期斑岩成矿：哀牢山南段尚未证实发现典型矿床，但由于老集寨一带存在大量印支期斑岩体，与区域内同时期攀天阁组（T_2p）中酸性火山岩同源，其与已知矿床成因关系不明，是区域内可能存在的成矿模式和重要找矿类型。青藏高原东缘斑岩成矿带印支期典型斑岩矿床，目前有资料反映的是"三江"成矿带北段格咱火山-沉积盆地的雪鸡坪、红山铜钼矿（214~224.6Ma）（《云南地质》，1998），成矿岩体为晚三叠世与火山岩同源的次火山岩及浅成斑岩，岩体侵位于上三叠统中酸性火山-沉积岩系中。岩石演化为石英二长闪长玢岩-石英闪长玢岩-石英二长斑岩-花岗斑岩。铜矿化与次火山相的石英闪长玢岩-石英二长斑岩有关，形成雪鸡坪式铜矿；铜钼矿化与浅成相的石英二长斑岩-花岗斑岩有关，产出红山式铜钼矿床。铜矿体赋存于矽卡岩、角岩中；钼矿体赋存于斑岩体内。矿石金属矿物主要有黄铜矿、磁黄铁矿、黄铁矿，次有辉钼矿、磁铁矿、白钨矿、方铅矿、闪锌矿等。除铜钼矿体外，共生铅锌、钨矿体，伴生银、钴、铋、铟等有益组分。

（2）喜马拉雅期斑岩成矿：喜马拉雅期碱性斑岩有关的铜、钼、铅锌、金成矿系列，是区域内最重要的成矿类型。该时期含矿斑岩体为一套富碱斑岩体（涂光炽等，1989），出露面积小，多数小于1km²。一些学者认为这套富碱斑岩带受控于新生代陆内走滑转换构造应力场（侯增谦等，2006），主要沿深大断裂带及其附近分布，形成了长达千余千米、宽50~80km的富碱斑岩带，被称为哀牢山-红河富碱侵入岩带（毕献武等，2005）。近年来的研究和矿床勘查实践表明，这些富碱岩体与铜、钼、铅锌、金等多金属成矿密切相关，构成哀牢山-红河新生代成矿带（张玉泉等，1997；Wang et al.，2001；Hou et al.，2003；Hu et al.，2004；王登红等，2004；毕献武等，2005）。形成于该成矿带的典型矿床有金厂箐、北衙、马厂箐、哈播、铜厂、长安冲、平安寨等数十个大型和众多中小型铜钼、铁、铅锌、金多金属矿床。其共同成矿规律是：时间上，在岩浆浅成-超浅成侵入早阶段，为碱钙性钾高正长岩浆，产出斑岩型铅矿床；晚阶段，为钙碱性钾低花岗岩浆，形成斑岩铜钼矿床；金矿化主要形成于侵入活动结束后。空间上，铜钼矿体产于斑岩体内部或接触带，当围岩为碳酸盐岩时，存在矽卡岩型铁、铜、金多金属矿化，铅锌、金等金属矿化多发生在围岩内与岩体相贯通的断裂破碎带内。

2.4.1.4　火山岩类系列类型

主要产出与晚二叠式火山-沉积岩有关的单一铜成矿亚系列。分布于三台坡-藤条江断裂带以东，与扬子地块相类似，主要矿化发生在峨眉山玄武岩系与下伏阳新组灰岩不整匐喷发面附近，工业矿化主要集中内发育于火山岩系中的断裂破碎带内，与硅化、碳酸盐化相伴随，主要金属矿物为黄铁矿、黄铜矿、斑铜矿、辉铜矿、自然铜及其氧化矿物。典型矿床有勐拉小铜厂、牛坪、小米坪等众多小型铜矿床（点），矿体规模小，难于系统勘查评价。

2.4.2　脆-韧性剪切带（断裂破碎带）热液成矿系列类型

脆-韧性剪切带（断裂破碎带）热液成矿系列类型矿床广泛分布于哀牢山剪切带南侧，其成因争议较大，有学者认为与超基性岩-酸性岩类（包括次火山岩）的热液成因（胡云中等，1995）、与浊积岩有关的变质热液矿床（沈上越等，1997）、同生喷流沉积成矿（方维萱等，2001）、同生喷流沉积和后期热液改造型（谢桂青等，2001）（《大规模成矿与大型矿集区》，2005）有关。通过总结近年来在该区域的矿床勘查实践，可归纳出如下规律。

（1）该类型矿床成矿无围岩限制，目前除哀牢山深变带中未发现，在哀牢山剪切带南侧广大沉积岩（金平长安冲、元阳牛波）、浅变质岩（金厂）覆盖区域均可见及。甚至在华力西期基性岩（金平亚拉坡）、喜马拉雅期碱性正长斑岩内的构造破碎带中（元阳哈播）均可成矿。有时伴随大量煌斑岩脉。

（2）金、铅锌可形成独立矿床，共生矿床亦常见，有同体共生，也有异体共生，但在空间上如影随形。金平银厂坡、老卡、三家寨等地破碎带中大多产金-铅锌共生矿体，当地企业就地浸金后，浸碴直接运到个旧鸡街一带的铅锌选厂。

（3）矿体主要产于北西向与北东或近南北向脆韧性剪切带、断裂破碎带或交汇部位的构造岩内（受区域构造应力场控制），具有明显的运移-交代-沉淀机制。矿体呈脉状、透镜状和囊状。

（4）金矿化类型主要为浸染状含金硅化岩型和破碎蚀变岩型，部分为角砾型；铅锌多呈角砾状、团块状、细脉状矿化，元阳大坪-金平老卡一带存在窄脉（10～20m）的块状铅金矿化，常伴生银。

（5）矿床成矿温度多为中低温，并从早阶段到晚阶段递降。从成矿流体盐度和 S、C、H、O 同位素等反映，矿床成因可归属于剪切带型金成矿，可能存在幔源岩浆流体的参与。

（6）成矿时代争议大，如果不考虑同生成矿作用，主要矿床集中在 63.1～28.2Ma（应汉龙，2004；毕献武，1996；罗君烈等，1994）。

该类型金矿近年多有找矿发现，主要矿床有长安金矿（大型）、哈播金矿（中型）、哈埂茶场金矿（小型）、老集寨金-铅锌矿（中型）、老卡金矿（小型）、银厂坡铅锌金矿（小型）、亚拉坡金矿（小型）、三家寨金铅锌矿（小型）、董棕河金矿（小型）。

2.4.3 与变质作用有关的矿床成矿系列组合

与变质作用有关的矿床成矿系列主要分布于哀牢山断裂以北的深变带，北西向展布，绵延长数十千米。含矿地层为哀牢山群阿龙组的变质岩系与构造蚀变带和蚀变辉绿岩、脉岩类复合形成具有规模或工业意义的矿床。已知矿产有龙保河铜矿（大型）、马鞍山铜矿（小型）、采山坪铜矿（中型）、菲莫铜矿（小型）、牛角寨铜矿（小型）等。研究区处于哀牢山剪切带以南、藤条江断裂西侧，主要成矿模式以与岩浆作用有关的（斑岩类）成矿系列和脆-韧性剪切带（断裂破碎带）热液成矿系列两类为主。

2.4.4 研究区矿床成矿系列组合

研究区矿产勘查程度较低，发现矿产具工业意义的矿种主要有 Pb、Zn、Cu 及 Au 等，这些矿化多沿早期北西向区域大断裂及晚期北东向次级断裂两侧及附近分布，古生界变质岩地层、断裂构造、岩浆岩体、晚期岩脉与矿化关系密切。大体上，研究区的主要矿床类型被分为以下 3 种类型（云南现代矿业勘查有限公司，2009）：

（1）蚀变破碎带型。矿体受北西向区域断裂和北东向次级断裂控制，多数产于区域深大断裂旁侧的次级破碎带中，成矿围岩为板岩、砂岩、千枚岩、碱性正长岩、花岗闪长岩。成矿物质来源主要是构造热液，成矿温度属低温型。矿体沿破碎带呈带状、似层状、透镜状、囊状分布，矿床规模小型到大型，主要矿种为金矿、铜矿、铅锌矿。该矿床类型典型代表有绿春牛孔金矿、元阳哈播金矿、阿东铅锌矿。

（2）矽卡岩型。矿体产于与碱性正长岩、细晶岩、煌斑岩的接触带上，成矿围岩为板岩、变质砂泥岩、千枚岩、碱性正长岩。成矿物质来源主要是岩浆期后热液，成矿温度属中高温。矿体沿接触带呈脉状、透镜状、不规则状分布，矿体形态、产状、规模变化大，矿床规模小型以下，主要矿种为金矿、铜矿、钼矿、磁铁矿。该矿床类型代表有绿春三道班含铜磁铁矿、元阳阿树金矿。

（3）斑岩型。矿床的形成与晚期侵入黑云母石英二长斑岩、石英二长斑岩直接相关，矿体产于斑岩内和石英二长斑岩与喜山期花岗岩岩体接触带，呈面型矿化，一般矿体规模较大。成矿物质来源主要是岩浆热液，成矿温度属中高温，根据蚀变矿物组合从里到外分为钾化带、绢英岩化带，青盘岩化不发育。钾化带和钾化→绢英岩化带的过渡部位是有利赋矿地段。矿体形态简单，呈带状、面型分布，一般规模达中大型以上，主要矿种为铜、金、钼矿。该矿床类型以元阳哈播南区斑岩型铜-钼-金矿床为典型代表（图2-2）。

总体而言，伴随着印度板块和亚欧板块的晚期碰撞造山作用，青藏高原东缘作为构造调节带经历了两个重要阶段：（1）始新世—早渐新世压扭阶段；（2）晚渐新世张扭或应力松弛阶段，形成了红河走滑断裂、哀牢山走滑断裂和阿墨江走滑断裂控制的陆内造山带，在这个以调节和转换为特征的造山带内，大规模走滑断裂、逆冲推覆作用和强烈剪切作用基本上是近同时或相继发育的（侯增谦等，2008）。

2.5　地球物理特征

2.5.1　重力异常特征

在云南省1∶100万布格重力异常图上，哀牢山南段总体处在重力场由南向北递降的负异常带上，从北东端的金平，到北西端的元江，场值为$-120\times10^{-5}\sim-170\times10^{-5}\mathrm{m/S^2}$。该负异常带明显由墨江-绿春-南科重力低拗陷带与北西走向的红河—元阳—铜厂为重力高隆起带呈北西向并列构成，与哀牢山造山带南段内、外带构造结构相吻合。在带状的重力低拗陷带，存在多个圈闭的负值中心。区域重力低等值线沿哀牢山剪切带、藤条江断裂带发生畸变转换，并形成明显的梯度带，反映该二组区域性分划断裂带可能构成深部岩浆通道，由于不同时期岩体先后侵位，地壳密度发生不均质化引起。在云南省1∶50万布格重力和剩余重力异常图上，布格重力低在哈播岩体中心部位圈闭，异常中心布格重力值为-180（$10^{-5}\mathrm{m/S^2}$），剩余重力值为-10（$10^{-5}\mathrm{m/S^2}$），反映其为一个大的复式岩基，岩基呈眼球状，向北东侧伏。根据本次野外调查，哈播岩体阿树单元沿多脚一带北东向沟谷已经侵蚀出露，印证其深部可能连为一体，为一个较大岩基的组成部分，其上部地层为围岩顶垂体。

2.5.2 航磁特征

在云南省 1∶50 万航空磁测 ΔT 异常图上，哀牢山南段存在大坪街-金平、老勐-沙洲、哈播-元阳等三个大的航磁异常，大面积的航磁异常与沿断裂带侵入的超基性-基性岩墙群侵位有关，部分为中酸性岩浆活动引起的磁铁矿化。其中，分布于研究区内及附近的老勐-沙洲、哈播-元阳两个航磁异常总体呈北西向展布，首尾相接，异常带中段、北段零值线与藤条江断裂相套合，南段向南延到茨通坝河直至边境附近，未封闭，暗示藤条江断裂可能越过藤条江呈南北向向南延伸。组成两航磁异常的正、负异常形态不协调，均显示南面的正异常面积大，具有 10nT、20nT、30nT 强度等值线，低缓的带状异常带中高值圈闭点呈串珠状分布；北面的负异常面积小，呈狭窄条带状，反映沿断裂带分布的磁性体产状陡倾。研究区内沿航磁异常零等值线分布的哈播、老勐等地段，印支、喜马拉雅期斑岩体接触带存在大小不等的铁矿（化）点，在与岩体贯通的断裂破碎带中，金、铅锌、铜等多金属矿化相伴生。

2.5.3 大比例物探测量

老集寨铅锌矿勘探，对矿区开展物探电法 EH4 测量、放射性测量，其特征如下。

2.5.3.1 EH-4 剖面测量

物探 EH-4 剖面低阻异常特征，以下为依里矿段二条物探 EH-4 剖面低阻异常特征的反演分析：

（1）LJZ01 线低阻异常特征（位于依里矿段的北西边部）。LJZ01 线位于测区最北西的边部，测线长 3300m，该剖面可以圈出四个低阻异常带，Ⅰ号异常、Ⅱ号异常、Ⅲ号异常、Ⅳ异常，其异常标高分别在 400~950m。根据电阻率值的变化特点可判断其为断裂破碎带，从矿区目前坑道揭露的地质情况可知，矿体主要赋存于北西向断裂带中，因此在这四个断裂带中不排除有局部含矿的可能性，是下一步开展找矿的重点追述目标，其中Ⅳ异常是水脉引起可能性较大，地表为水沟。

（2）LJZ04 线低阻异常特征（位于依里矿段 8 号勘探线附近）。LJZ04 线位于 LJZ03 线往南 700m，测线长 3300m，在图中圈出了Ⅰ号异常、Ⅱ号异常、Ⅲ号异常、Ⅳ异常，阻值在 50 以下，其异常标高分别在 500~900m。经坑道验证Ⅰ号异常、Ⅱ号异常、Ⅲ号异常为矿致异常，但是圈出来的异常比实际的略大，更多的是反映了矿存于断裂带中。图中低阻异常成星点状分布，看上去多而凌乱，其实这正是断裂破碎带的真实反映，LJZ04 剖面线是沿着一个东西向的断裂上做的。

（3）平面物探 EH-4 低阻异常特征。在依里勘查区内用三种颜色圈出了三种不同类型的低阻异常：Ⅰ类异常、Ⅱ类异常、Ⅲ类异常，Ⅰ类异常定义为矿致异常，Ⅱ类异常定义为断裂异常，Ⅲ类异常定义为水系异常。

2.5.3.2　物探伽玛仪放射性特征

通过对 PD01、PD02 号坑（1018m 中段平面）和钻孔岩（矿）心沿矿体的走向、倾向及厚度方向的剖面相结合的方法，按不同矿石类型、不同矿物组合、不同矿化程度的围岩、不同岩性进行较全面的放射性 γ 值测量，依里矿段放射性特征如下：

（1）钻孔放射性变化情况：通过对 9 个钻孔的岩（矿）心观测放射性异常变化不大，一般变化范围在 48~72r。由于岩（矿）心体积较小，其观测值并不能完全代表岩（矿）石伽玛放射性测量的真实值，故未将各类岩性进行分层统计。

（2）坑道放射性变化情况：通过观测 PD01 及 PD02 两个坑道中的各类岩（矿）石放射性伽玛辐射强度并不高，一般低于 150r。其放射性核素分布特点为：以酸性岩浆岩（花岗斑岩、流纹岩）伽玛辐射强度相对较高，靠近酸性岩浆岩的砂岩、板岩也呈增高趋势，可能与酸性岩浆岩的侵入活动有关。局部（花岗斑岩中心相）虽然有所增高，但极大值也仅为 332r，以此计算采矿人员日照射剂量为 0.008 伦琴/日，按年 310 个工作日（8 小时/日）计算，本区年辐射剂量为 8.20 毫希伏/年，其辐射当量也仅为国家放射防护和环境保护安全工作最大允许照射剂量 0.05 伦琴/日（或 50mSV/年）的 1/6，并且铜铅锌矿体多赋存于花岗斑岩体的外带（年辐射剂量为 2.7 毫希伏/年），采矿工作人员照射剂量则会更低。

2.6　地球化学特征

2.6.1　区域地球化学分区及特征

2.6.1.1　哀牢山地球化学区

元素分布以 Na、K、Ca 等造岩元素和 Sr、Ba、Zr、Nb、La、Y 等微量元素趋于富集。前者与花岗岩类及变质岩有关，后者与岩石中的副矿物有关。其他大部分元素，包括几乎所有的亲铜元素、钨钼族元素、铁族元素、矿化剂元素及锂、镉等分散元素普遍偏低，形成明显的低背景带。

2.6.1.2 绿春地球化学区

绿春地球化学区常量元素表现为富 Si，贫 K、Na，微量元素除 Li、B、As、Sb 含量较高外，大多数为低背景区。R 型因子分析结果表明，F1 主因子方差贡献达 22.5，载荷大于 0.8 的元素有 21 个，这些元素的含量都较低，推测为成岩因子。F2 主因子元素含量较高，变化系数较大，空间上与喜马拉雅期哈播正长岩体有关，并在局部地带形成异常，具有找矿意义。分布于测区中部哈播-老集寨一带的喜马拉雅期碱性正长岩体、印支期酸性岩体以亲铜元素、钨钼族元素的高度富集，而铁族、稀有稀土元素的明显贫化为特征。其中，Cu、Pb、Zn、Au、Hg、As、Sb 等元素的平均含量较区域背景值高几倍甚至几十倍，有富集成矿的可能。从元素的空间分布上也可以看出，Pb、Zn、Cd、Ag、Mo、Cu 和 As、Sb、Au 反映了成矿元素组合，与地球化学异常相一致。

2.6.1.3 金平-铜厂地球化学区

金平-铜厂地球化学区多种元素呈高背景和区域异常模式分布。亲铜成矿元素和铁族元素含量显著高于背景值，与全区平均含量之比大于 1.5 的元素有 Au、Ag、Cu、Ni、Cr、Co、Sr、Cd、Mg、Na；比值在 1.2~1.5 的有 Pb、Zn、W、Bi、As、Ti、V、Fe 等。多种元素的高含量水平为成矿提供了物质前提，该区近年来找到大量金、铜钼、铅锌等矿床，为哀牢山南段重要贵金属、有色金属的矿产集中地。

2.6.2 区域主要化探异常及特征

区域内水系沉积物化学测量范围覆盖整个研究区，主要圈出哈播南山金锰异常（31 乙 1）、麻栗山铅异常（32 乙 1）、娘普铅异常（41 乙 2）、回龙寨锌（银）异常（21 乙 2）等 4 个重要异常。

（1）哈播南山金锰异常：位于哈播岩体之上，异常形状不规则，面积 46.2km^2，一级浓度带 2.15ppm❶，二级浓度带 4.3ppm，三级浓度带 8.6ppm，最高值 13.4ppm，浓集中心明显。元素组合为：Au、As、Sb、Ag、Cu、Pb、Zn、Cd、W、Bi、Mo 及 Mn。

（2）麻栗山铅异常：位于金竹寨-百乐寨之间，异常形态呈带状，面积 17.7km^2，一级浓度带 14.96ppm，二级浓度带 29.92ppm，三级浓度带 59.84ppm，最高值 66ppm。元素组合为：Pb、Cu、Ag、Zn、Ca、La。

（3）娘普铅异常：位于阿东附近，异常形状呈椭圆形，面积 13.5km^2，一级

---

❶ 1ppm = 10^{-6}。

浓度带 14.96ppm，二级浓度带 29.92ppm，三级浓度带 59.84ppm，最高值 139.1ppm，浓集中心明显。元素组合为：Pb、Zn、Ag、Cd、Hg、Th。

（4）回龙寨锌（银）异常：位于老集寨附近，异常形状椭圆形，面积 48km²，一级浓度带 31.68ppm，二级浓度带 63.36ppm，最高值 231.33ppm。元素组合为：Zn、Pb、Ag、Cu、Cd、W、Bi、Au、Sb。

1：20 万化探圈出的 4 个异常以哈播岩体为起点沿构造线方向向东西两侧展布，宏观反映出研究区明显存在阿东、哈播、泽尼、老集寨等 4 个大的化探异常密集中心，与成矿流体的异常活跃相对应。

2.6.3　大比例尺地球化学测量

研究区大比例尺地球化学测量工作，开展过哈播金矿北区 1：1 万岩石原生晕测量及 1：1 万土壤化探测量、沙普-泽尼金矿 1：2.5 万土壤化探测量、老集寨矿区三家河-马鹿塘矿段 1：2.5 万土壤化探测量、老集寨-马鹿塘矿段 1：1 万土壤化探测量及依里铜铅矿段 1：1 万土壤化探测量等工作，圈出铜、钼、铅、锌、金等异常 20 余处。

2.6.3.1　哈播金矿区 1：1 万土壤、岩石原生晕测量

哈播金矿区 1：1 万土壤、岩石原生晕测量，圈出了多个铜钼异常中心，异常沿正长岩体接触带及内侧呈极不规则状南北向分布。土壤化探圈出 2 个异常中心明显的铜、钼异常，异常连成片，并有多个弱异常组成。铜异常呈不规则状南北向沿正长岩体分布，异常中心值 916ppm；钼异常呈圆形分布于铜异常范围内，异常中心值 117ppm，铜钼元素异常套合性较好。岩石化探圈出南北 2 个铜钼异常，北部铜异常呈带状南北向展布，东西宽 300m，南北延伸大于 850m，并由 4 个异常中心组成，峰值达 408ppm。北部钼异常呈哑铃型南北向分布，东西宽 300m，南北延伸 600m，并由 3 个异常中心组成，最高值达 211ppm，北部铜钼异常分布范围基本一致。南部铜异常呈近梯形分布于正长岩中，规模 300m×350m，异常中心值达 921ppm，南北钼异常呈似圆形分布，规模 200m×300m，异常中心值 242ppm，钼异常分布于铜异常内，元素套合性好。北部土壤、岩石化探所圈定的铜钼异常分布范围相吻合。以上圈定化探异常与南区斑岩型矿化饰变带范围所圈出的铜钼异常基本连接成片，结合对该区域的地质踏勘，南区的矿化饰变带继续向北延伸，规模继续扩大。

2.6.3.2　沙普-泽尼金矿区 1：2.5 万土壤测量

矿区对 Cu、Pb、Zn、Ag、Au、Sb、Mo 等 7 个元素开展了 1：2.5 万土壤地球化学测量。圈出综合异常 19 处，其中乙类异常 8 个，丙类异常 7 个，丁类异

常 4 个；划分了 6 个找矿靶区，其中 I 级找矿靶区 2 个，II 级找矿靶区 3 个，III 级找矿靶区 1 个。主要异常特征如下：

（1）AP-7 乙沙普 Au 异常：位于沙普以西的龙天，异常以 Au 为主，呈不规则形状位于测区西部边缘，面积 2.696km²，Au 最高值大于 100ppb❶，具三级浓度分带，有多个浓集中心，组合元素有 Au、Cu、Pb、Zn、Ag、Sb、Mo。Au 异常强度高、规模大，异常中心位于碱性岩浆岩与变质杂砂岩接触部位及次级构造破碎带叠合地段。其他元素异常均重叠在 Au 异常上，但套合较差，且属零星分散的低缓异常。分布于古生界马邓岩群外麦地组 a 岩段（Pzwᵃ）以及马邓岩群外麦地组 b 岩段（Pzwᵇ）地层，受次级北西向构造控制；异常区西部为哈播超岩体接触带，该地段正长细晶岩脉较发育。经查证在异常中心发现 V1、V2 金矿化体群，确定异常为矿致异常。推测异常由岩浆构造热液引起，显示出较好的找矿前景。

（2）AP-11 乙沙聋 Au、Pb、Zn 异常：位于沙聋以南，异常以 Au 为主，呈不规则形产于沙聋以南，面积 1.506km²，Au 最高值 73.81ppb，具三级浓度分带，规模较大。Pb、Zn 异常分别具二级和一级浓度分带，Pb 最高值大于 1000ppm，Zn 最高值为 621.2ppm，组合元素有 Au、Cu、Pb、Zn、Ag、Mo，其他元素异常均重叠在 Au 异常上，套合尚可。分布于古生界马邓岩群外麦地组 a 岩段（Pzwᵃ）以及马邓岩群外麦地组 b 岩段（Pzwᵇ）地层。该地段有细晶正长岩脉侵入。经踏勘检查，发现金 0.56~1.66g/t、铅 5.55%、锌 2.51% 的矿化信息，确定异常为矿致异常。推测异常由岩浆构造热液引起，成矿地质条件有利，是寻找金、铅、锌矿的重要异常。

（3）AP-19 乙底巴沙 Sb 异常：位于底巴沙附近，异常大致呈囊状产出，面积 0.683km²，Sb 最高值 1000ppm，三级浓度分带清晰，异常强度高、规模大。组合元素为 Sb、Au，异常重叠套合完好。Au 最高值 17.6ppb，具一级浓度分带。分布于中生界上三叠统三合洞组（T₃sh）和歪古村组（T₃w）地层。异常北部为三叠纪钾长花岗岩，黄草岭断裂（F5）控制着该异常的产出。推测由三叠纪钾长花岗岩所引发的热液活动引起。该异常具有金、锑找矿前景。

（4）AP-8 乙大寨 Pb、Zn、Cu、Ag 异常：位于大寨-沙聋之间，异常主元素为 Pb、Zn、Cu、Ag，呈椭圆形及不规则形状产于测区南东之依东断裂上，异常元素最大面积 1km²，Pb、Zn、Cu、Ag 最高值分别为：Pb 大于 1000ppm、Zn 977.30ppm、Cu 420.80ppm、Ag 4.867ppm，组合元素有 Au、Cu、Pb、Zn、Ag、Sb、Mo，Pb、Ag、Mo 具三级浓度分带，其他元素异常具二级浓度分带。该异常组合元素齐全，强度高，各元素异常重叠套合完好。分布于古生界马邓岩群外麦

---

❶　1ppb = 10^{-9}。

地组 b 岩段（Pzw^b）、麦地组 c 岩段（Pzw^c）。依东断裂从异常中心通过，并见有正长细晶岩脉产出。在异常中心部位见民采铅锌矿点。该异常为矿致异常，推测由构造热液所引起，是寻找铜、铅、锌矿的重要异常。

2.6.3.3　老集寨金多金属矿区 1 : 2.5 万土壤测量

（1）三家河-马鹿塘矿段：通过 1 : 2.5 万土壤次生晕普查发现铜金铅锌异常主要集中在坪寨至马鹿塘一带，呈 N45°W 方向展布，长大于 3km，宽 500 ~ 1000m，面积约 3.4km^2。异常带内铜金铅锌存在 10 个较好的组合浓集中心，其中 H9、H11、H12、H14 为 I 类异常，H6、H8、H15 为 II 类异常，H7、H10、H13 为 III 类异常，通过槽探工程和剥土工程的揭露发现浓集中心主要集中在北西向和近南北向的构造破碎带旁侧，构造破碎带内均夹有大量的石英脉。褐铁矿化、黄铁矿化较明显。局部有大量的煌斑岩充填。围岩主要为砂质板岩、泥质粉砂岩和灰岩，局部见流纹斑岩，岩石均有不同程度的硅化、褐铁矿化。

（2）依里铜铅矿段：通过开展 1 : 1 万土壤化学次生晕普查工作，共获得土壤化学次生晕异常 6 个。其中 I 类异常 3 个（H1、H2、H3），II 类异常 2 个（H4、H6），III 类异常 1 个（H5）。3 个 I 类异常均赋存于千枚岩、炭质板岩中，主要沿北西向金竹寨断裂旁侧的次级断裂构造呈带状线性展布。在 3 个 I 类异常中 H1、H2 号异常规模较大，浓集中心明显，连续性好。异常带长为 950m，宽 280~340m，面积约 0.3km^2。元素组合以 Pb、Zn 为主，伴生有 Cu、Ag 等异常。浓集中心 Pb 极值高达 6625ppm，一般为 120 ~ 240ppm；Zn 极值高达 1064ppm，一般为 250~500ppm。其中 H2 号异常经 PD01 号坑及钻探工程解剖验证属矿体异常，H1、H3 号异常与 H2 号异常其元素组合、地球化学特征相近似，所处构造部位一致，推测为矿致异常。

（3）老集寨-马鹿塘矿段：通过开展 1 : 1 万土壤次生晕化学测量工作，在测区内发现铜金铅锌异常，主要集中在坪寨至马鹿塘一带，呈 N45°W 方向展布，长大于 3km，宽 400~1400m，面积约 3.24km^2。异常带内存在 9 个较好的铜金铅锌组合浓集中心，其中 LH03、LH04、LH05、LH06、LH07 为 I 类异常，LH01、LH09 为 II 类异常，LH02 为 III 类异常，通过槽探工程和剥土工程的揭露发现浓集中心主要集中在北西向和近南北向的构造破碎带旁侧，构造破碎带内均夹有大量的石英脉。褐铁矿化、黄铁矿化较明显。局部有大量的煌斑岩充填。围岩主要为砂质板岩、泥质粉砂岩和灰岩，局部见流纹斑岩，岩石均有不同程度的硅化、褐铁矿化。在测区内共发现 1 个铅锌矿化点，4 个铜金矿化点。其中 Pb 最高品位为 20.37%，Zn 最高品位为 25.41%，Au 最高品位为 7.06g/t，Cu 最高品位为 1.34%。铜金矿化点多出露于普洽水断裂与坪寨断裂的旁侧及坪寨断裂与梭山断裂的交汇部位，铅锌矿化点多出露于北东向的梭山断裂旁侧。

2.7　遥感地质特征

研究区遥感地质解译为本次研究主要工作手段和重要组成部分。主要包括遥感影像图制作、遥感地质解译、遥感矿化异常信息提取，编制相关解译图件，并提交专项遥感解译成果报告。现将主要线性构造、环形构造、羟基铁染蚀变异常特征叙述于后，并通过遥感地质背景分析、遥感近矿找矿标志总结，进行遥感成矿预测。

2.7.1　遥感线性构造特征

研究区线性构造地质属性包括各级断裂、岩层的大节理及较人的岩体中的解理。依据它们的解译标志在影像中的色形纹特征，工作区本次解译有规模的线性断裂构造共 14 条，NW 向一级断裂 1 条（F1），二级断裂 4 条（F2、F2-1、F3、F4），NE 向三级断裂 6 条（F5、F6、F7、F8、F9、F10），SN 向三级断裂 3 条（F11、F12、F13）。其中已知断裂 2 条，补充解译断裂 2 条，新解译断裂 7 条。

（1）哈龙-阿八寨线性断裂（带）构造（F1）：它展布于本区西南部，跨研究区一角，两侧影纹差异较大，应为九甲-绿春断裂（带）的南东延伸部分，可取代欧梅断裂为次级分界断裂。在地质图上，欧梅断裂两侧虽所划地层时代不同，但其两侧志留系岩层与北东侧之马邓岩群岩性均为副变质岩系，且岩类组合似同；而哈龙-阿八寨断裂成矿带破碎断裂，其两侧虽均为志留系时代，但岩性及组合上差异颇大，故解译过程将九甲-绿春断裂延伸线从欧梅断裂移位在哈龙-阿八寨断裂带之上。在本区它应划属于 I 级线性断裂构造，而区域上它不够该级别。为顺层沿走向的断裂。

（2）阿东-黄草岭-堕谷线性断裂构造带（F2）：亦为 NWW 方向，横贯全研究区，中西段基本上沿哈播河及老勐河次支流水系展布，东段呈 NW 向基本上沿着老集寨西侧河谷及坚挺的次级直线形的分水岭展布。上述的河谷及次级分水岭在形态上直线特征基明显，色调及影纹很清晰，具有清楚的线性断裂构造的影像特点。同时也展示了顺层断裂两侧岩性影纹明显的差异。在本研究区它应属于 II 级断裂构造。

（3）阿东-黄草岭-堕谷线性断裂构造带（F2-1）：位于洞蒲-归洞大寨之西南侧，呈 NWW 向展布，是 F2 线性断裂构造的分支断裂。其两侧影纹明显差异是它的影像判识特征，同属顺层断裂构造，直线特征明显并分布于次级沟谷和较尖挺的山脊上，与 NE 及 SN 向线性断裂构造交切。在洞蒲北西有磁铁矿点一处。应属 II 级本区线性断裂构造。

（4）老勐河线性断裂构造带（F3）：呈 NNW 向折线状，基本上沿老勐河展布；南部又呈分支状，其东支被东西向断裂切割后延伸出研究区的范围。北段在老勐以北至研究区之外。断裂沿老勐河谷直线性形态明显，色差清晰，河谷转弯处突然，转角清晰，河谷虽不深但其垂直切割特征明显，两岸山坡影纹与河谷中沉积物影纹差异清楚，是线性断裂构造影像的特征所在。该断裂虽处本研究区部分较少，但它对本区的线性构造格局有明显的控制作用，故将其列为本区Ⅱ级线性断裂构造。

（5）苦笋寨-土地寨线性断裂构造带（F4）：呈 NWW 向分布于老勐河与哈播河之间的主分水岭上。分水岭地形呈 M 形展示出有次级小的尖挺之山脊，有单斜岩层面，断裂线清楚，小凌及其相挟持的拗槽均呈棱角明显的折叠形态，为典型的构造之影像形态特征。它是 F3 的分支断裂，虽在研究区之外，但对本区构造形态有一定影响，故在地质图控制范围内判识该断裂带。可归属本区Ⅱ级线性断裂构造。

研究区内断裂构造的线性形迹清晰，推测受地质事件改造较少，形成时代较新；而线性形迹模糊的断裂构造，推测其形成时代早于行迹清晰的断裂，时代较早于前者，构造行迹模糊规模较小，受后期断裂的切割和改造。区内以 3 条 NW 向 F1、F2、F3 控制地质背景，规模较大，延伸较远，形迹清晰，其同向展布的另外两条 F2-1 和 F4 构成 NW 向的断裂组，与 NE 向的 4 条断裂（F5、F6、F7、F8）相互交切，将研究区地块分割成多个菱块体。据该区影像特征及其构造相互间交切关系分析，区内 NE 向构造应为先期构造，NW 向构造则为后期构造，反映 NW 向构造具多期活动性。

2.7.2　遥感环形构造特征

研究区环形构造形成的物理机制是地体多向相互作用后，构成它的拼合、裂解等多次变化，加之同期的岩浆热液的上侵入等作用，就形成影像中不同属性的环形构造。涉及本区的有构造环、岩浆构造环、岩浆环及热液蚀变环（致矿化或元素浓集环）。其组合及内部结构要视具体地段（点）的具体情况而有所不同。遥感影像显示，工作区发育大量与岩浆活动关系较为密切的环形构造密集分布带。环形构造按分布区域及成因类型又可分为构造环、隐伏岩体、岩浆环、热液蚀变环等。区内共解译并划分了 7 处环群。

（1）东批推测隐伏岩体构造环（φ1）：两环相扣，主环在西，环径约 5km。其特征为：1）二环相叠，穹隆形态明显，环内影纹呈花瓣状；2）穹隆顶部在古地理中风化剥蚀为半封闭型汇水盆地，其北部沉积为 T_3w 砂、泥质岩类物质；3）该环与北侧之哈播岩体为线性断裂构造（F1）接触；4）二环相扣处有热液环显示是子母环结构形式，其内又有小环存在。故从遥感模式对照，推测其为隐伏岩体构造环，并有待物化探手段验证。

（2）龙天-龙央岩浆构造环结（φ2）：其中包括岩浆环及岩浆构造环，分布于 F1 和 F2 之间的哈播岩体及其周围地段。在岩体裸露部位显示多个岩浆环交叠展布,属于期次性岩浆环,环径为 1~3km。近岩体边缘部位,多为岩浆构造环显示,它既包括岩体裸露部,也包括岩体的隐伏部分,其环径多为 5~6km,呈多层同心及放射状结构。在环东部大排下寨处(岩体东侧)构造环中心出现环径约 1km 的"柱头状"下插形态小环,恰于半封闭型汇水盆地的中心,影像显示是其下可能为隐伏岩体存在,其中下插之"柱头"的地质机制有待物化探等手段确定。环结西部的略马东侧 1km 处有镍铁矿化点一处。

(3)洞蒲环结:三个环相互交叠(φ3):呈等角展布,环径各为 4km 左右,与 F2-1 及 F5 线性断裂构造交叠。结环北部为印支期花岗斑岩(γπ51)及岩脉(群),环结南部为燕山早期辉长岩脉,但相应的环形构造极不明显。在环环交切及重叠地段,有较模糊的热液环存在,在洞蒲西北 1km 处有镍铁矿点一处。

(4)火东-树皮构造环结(φ4):两环东西向展布并且交叠,相叠部分为 0.5km。环径 4~5km,环内为同心层状并有热液环若干呈结,环缘及其交线处均有热液环,呈套状子母式的结构形态。奇怪的是两环中心都有直径约为 1km 的下插柱状影像,柱顶圆形突起光润微地貌的特征,似小穹隆状存在于半封闭型汇水盆地中,柱顶影纹有别于周边影纹。其下是否有隐伏岩体存在?有待有关物化探方法揭示。

(5)堕铁双层偏心构造环(φ5):外环径为 6~7km,内环径约 5km,内外环在北部交切,同时也与 F4 断裂相切,南部与 F2 断裂分支相切,西部又与堕碑及河堤两个次级构造环交切,总体呈链式结状。环内四级线性断裂构造呈网格状交切,某些地段呈小范围放射状排列,应引起注意。

(6)白东寨层状构造环(φ6):环径为 4~5km,与次级线性构造组成不明显小菱环构造。环内的层环不规则,并有热液环不规则分布,环中心次级线性构造呈放射状展布。影纹及形态呈似穹状构造。

(7)堕谷构造环结(φ7):主要沿 F2 线性断裂构造及其两侧分布于研究区之东南部。环径约 5km。有构造云呈不明显之线状按 NNE 向展布。较大的环呈面状相互交叠,较小环不规律地分布其间,环内局部地段次级线性构造呈放射状结构,环线相交地段具不明显浅色热液环以模糊状展现。

2.7.3 遥感蚀变异常分布特征

研究区内遥感蚀变异常多出现在地表地质调查及遥感判译为岩体出露或隐伏地带,且往往为线环构造复杂地带,例如土地寨、龙天、堕龙村等地。异常分布特征指示岩体埋藏的深浅,一般来说,遥感蚀变异常浓度越高,岩体埋藏深度就越浅。而区内东部的矿化蚀变浓集程度明显较西部高,据此可以判断东部岩体埋藏深度浅,出露面积大,而西部情况则恰恰相反。此外,工作区内老勐乡、土地寨处明显可见羟基蚀变异常与铁染异常重叠出现，推测为多期次岩浆活动的表现。同时，异常区总体呈北西向展布，与区域构造线大体一致。研究区内有多个羟基蚀变异常浓度中心，主要分布在老勐乡、上平河、龙天、格波、俄扎、沟卡一带。这些区域蚀变规模大，呈斑块状，蚀变强度以二级至三级为主。例如，老勐乡东北侧的二叠系峨眉山玄武岩中有一处呈北西向展布、异常发育、强度大的蚀变信息，从中心向外围蚀变强度由一级逐渐减弱为三级，推测此处岩石风化程度较高。在工作区的西北边界（格波），密集地分布有多个斑块状的羟基蚀变异常矿化中心，推测与其所处的三叠系砾岩、砂岩、砂砾岩有关。同样的情况还出现在上平河。此外，异常分布与线性断裂构造行迹吻合度较高，较为典型的有北西向的 F2 阿东-黄草岭乡-堕谷断裂、北北西向的 F3 老勐河断裂及 NE 向的 F8 泽泥-土地寨断裂。同时，断裂构造交汇点的蚀变规模较大，较为典型的部位有堕铁、老勐乡。前者处于北东向的 F7、F8 和南北向的 F12 构成的三角形区块，后者则处于北西向的 F3、F4 和北东向的 F8 所处的三角形区块中。区内铁染蚀变规模较羟基蚀变大，尤其是在工作区的东北部土地寨、普龙寨、老勐乡等地，蚀变信息异常丰富，表现出点群状集群分布，推测是与区内 F8、F3、F4 三条线性断裂构造在此处的展布有直接关系。与羟基异常相似的是，铁染异常分布也与断裂构造的形迹有着较高的吻合度，尤其明显地表现在 F3 老勐河断裂处，并且异常信息集中发育在断裂的西侧的三叠系上兰组灰岩、板岩、变质砂岩地区，西侧邓马岩群中则呈零星状分布。在略沙、龙天两地，还见到异常信息沿着环形构造分布。

3 矿床地质特征

研究区位于哀牢山成矿带南段，区域及周边金等矿产资源丰富，区内最大的侵入岩体为哈播富碱侵入岩体，其出露面积达 26km²，围绕该侵入岩体接触带及其外围分布有大大小小的矿床（点）。目前，所发现的矿床（点）星罗棋布，但规模相对较小，包括哈播金矿、哈埂金矿、沙普金矿、舍俄金矿、阿东铅锌矿、多脚铅锌矿、哈播斑岩型铜-钼矿等（图 2-2），其中哈播金矿床是区内最大的矿床，但其规模也仅为小（中）型，可见研究区成矿潜力较大。本次研究的重点也是探讨区内哈播富碱侵入岩体及其接触带和外围矿床（点）的物质来源及二者成因关系。

3.1 哈播金矿

哈播金矿位于哈播富碱侵入岩体的北部外接触带（图 2-2、图 3-1），是典型的破碎带热液脉型金矿床，矿体围岩为外麦地岩组 b 段及三叠系歪古村组。矿区主要控矿构造为依东断裂及其次级断裂。矿体呈似层状、透镜状、脉状产出，被北东向断层切割为三段。产状变化大，走向北西-南东，倾向南西，出露长 600m，平均厚度 3.99m，厚度变化系数 109%，Au 平均品位 3.38g/t。

3.1.1 矿区地层

矿区地层主要为古生代马邓岩群 b 段和三叠系歪古村组：

（1）古生代马邓岩群 b 段（Pzw^b）主要岩性为浅灰、灰黄色变质石英砂岩，灰色绢云石英千枚岩夹深灰、灰黑色绢云千枚岩，灰色含硅质或泥质条带结晶灰岩及灰色硅质岩、碳质板岩。本组岩性在横向上无显著变化，其厚度不详。

（2）三叠系歪古村组（T_3w）零星分布于矿区，底部为一层厚 8~13m 的砂砾岩或复成分砾岩，向上为以灰、灰黄、灰绿色细至粗粒岩屑长石石英砂岩、含细砾岩岩屑长石石英砂岩、长石石英砂岩为主，间夹灰绿、紫红色粉砂岩、粉砂质泥岩的组合。由于受不均匀动力变质，局部变形成板岩或带状板劈理，属流河相沉积。本组岩性在横向上无显著变化，其厚度大于 900m。

3.1.2 矿区构造

哈播金矿矿区虽经历了多期构造活动，但构造形迹仍表现出一定的规律性，

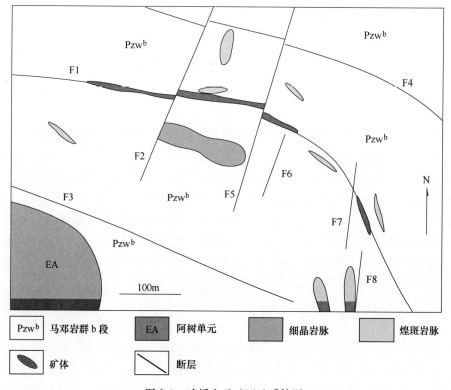

图 3-1　哈播金矿矿区地质简图

（底图据赵德奎等，2009）

区内主要构造线方向为北西西向和北东向构造，按褶皱和断层分述如下：

（1）褶皱：哈播金矿矿区位于黄草岭破向斜之南西翼，总体为一单斜构造。地层倾向南或南南西，倾角变化大，28°～67°不等。

（2）断层：矿区内断裂构造发育（图 3-1），主要有两个方向，北西西向有 3 条（F1、F3、F4），北东向有 5 条（F2、F5、F6、F7、F8）。北西西向断裂规模大，经历了多期构造活动，属于 NW 向黄草岭断裂的次级断裂，其中 F1 为控矿构造，矿体产于该断裂构造破碎带中，F1 从北西向南东斜穿矿区，长度大于 2000m，倾向南西，倾角与地层产状大体一致，但变化较大（30°～80°），断裂带内发育构造角砾岩与碎裂岩，主要表现为逆冲性质。沿破碎带普遍具硅化、绢云母化、碳酸盐化、黄铁矿化、褐铁矿化，部分地段具孔雀石化和铅锌矿化。北东向断层规模普遍较小，切穿矿区主构造线，破坏了矿体的连续性。

3.1.3　矿区岩浆岩

矿区岩浆活动以喜山期为主，侵入岩多呈岩脉、岩墙、岩株产出。喜山期石英正长岩呈岩株状分布在矿区南部（图2-2、图3-1），矿区内出露的只是其北部的一小部分，该类岩石呈浅肉红色，半自形粒状结构、局部斑状结构、块状构造，其围岩主要为歪古村组碎屑岩、泥岩，接触变质作用较强，普遍具角岩化。

此外，矿区及其周围有8条呈脉状产出的煌斑岩，其走向与区域构造线基本一致，脉体规模小，一般长10~30m、宽1~15m，岩石呈灰黄绿色，煌斑结构、块状构造，斑晶占45%，为黑云母和单斜辉石，基质占55%，成分为斜长石、黑云母和单斜辉石。哈播金矿所在的哀牢山是著名的滇西地区喜山期富碱侵入岩带的重要组成部分，偏基性的以煌斑岩为主，偏酸性的以正长（斑）岩或花岗岩为主。在同一成矿带，老王寨金矿区煌斑岩同位素年龄为（30.8±0.4）Ma~（34.3±0.2）Ma（金云母^{40}Ar/^{39}Ar）（管涛等，2006），表明其侵位时代为喜山期。

3.1.4 围岩蚀变及矿化特征

3.1.4.1 围岩蚀变

赋矿围岩热液交代蚀变作用较强烈，主要包括硅化、黄铁矿化、褐铁矿化、绢云母化、碳酸盐化等，硅化、黄铁矿化和褐铁矿化与金矿化关系密切。其中，硅化主要以细脉状、团块状不均匀分布于各类岩石中，而黄铁矿化主要沿F1断层破碎带分布，呈星点状、微细粒浸染状、细脉状或集合体团块状产出，常见于歪古村组三段粉砂岩、泥质粉砂岩、英安岩和细晶岩中。已有的资料表明，黄铁矿是本矿床重要的载金矿物，在地表条件下，由于氧化作用黄铁矿大多数褐铁矿化，褐铁矿同时也是重要的载金矿物。当岩石硅化、绢云母化、黄铁矿化强烈时，形成黄铁绢英岩，这种类型的蚀变岩石是金矿化的主要围岩之一。

3.1.4.2 矿化特征

哈播金矿床的矿化特征与喜山期富碱岩浆岩活动密切相关，与围岩蚀变相对应。矿石中金属矿物主要以黄铁矿和褐铁矿（图3-2g~1）为主，其次为方铅矿、闪锌矿、毒砂、黄铜矿和孔雀石等。脉石矿物主要为石英和绢云母，其次为绿泥石、白云母和长石。黄铁矿呈自形-半自形立方体、不规则粒状，粒径一般为0.1~0.5mm，立方体黄铁矿呈星点状、微细粒浸染状分布，而不规则粒状黄铁矿呈星点状、微细粒浸染状、细脉状或集合体团块状分布。黄铁矿普遍褐铁矿化（图3-2g、k、1），部分褐铁矿保留了黄铁矿立方体晶形，大多数褐铁矿呈细粒状或隐晶质。该矿床中闪锌矿和方铅矿多为他形，粒度相对较细，常交代黄铁矿，呈细脉状产出，常见方铅矿交代闪锌矿。野外及室内鉴定结果表明，本矿床矿物生成顺序为：黄铁矿（金）+毒砂+黄铜矿→闪锌矿→方铅矿→褐铁矿。与金矿化有关的围岩蚀变主要为黄铁矿化、褐铁矿化等。

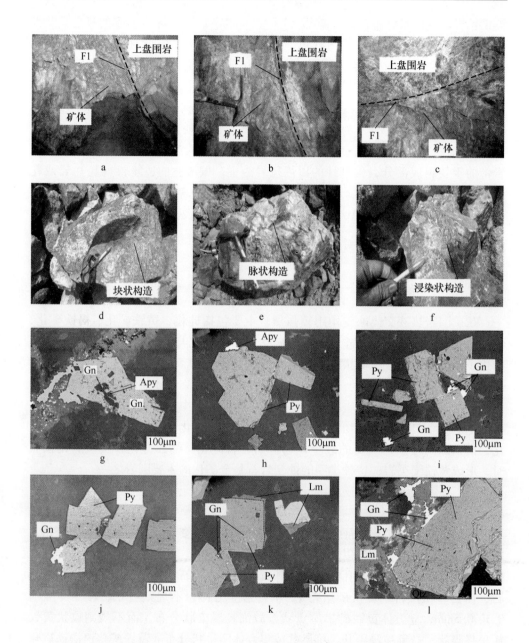

图 3-2 哈播金矿 F1 断层和矿体的关系及矿石光薄片扫描电镜（SEM）图像

扫描电镜图图像来自样品 HB-18-1：a~f—矿体或矿石照片；g—方铅矿包裹毒砂；h—毒砂沿黄铁矿边部
分布；i—方铅矿沿黄铁矿边部分布；j—方铅矿沿着黄铁矿边缘生长；k—黄铁矿边部被氧化成褐铁矿，
亦有少部分方铅矿沿黄铁矿边部生长；l—黄铁矿边部被氧化成褐铁矿，同时，方铅矿被褐铁矿包裹
Py—黄铁矿；Apy—毒砂；Gn—方铅矿；Lm—褐铁矿；Qtz—石英

3.1.5 矿石结构和构造

3.1.5.1 结构

矿石结构主要有粒状结构、包含结构、板条状结构及交代结构。

（1）粒状结构：矿体中常见，自形黄铁矿常呈立方体，与他形-半自形黄铁矿或半自形褐铁矿彼此共生（图 3-2h、i、k），为含矿热液在断裂、裂隙带内结晶沉淀形成。

（2）包含结构：在一种粗大晶体的矿物中，包含有同种或另一种细小晶体的矿物，如毒砂、方铅矿等被其他硫化物所包含（图 3-2g、k）。

（3）板条状结构：方铅矿呈板状、板条状充填于其他金属矿物或脉状中。

（4）交代结构：为早期结晶出的矿物，被晚期生成的矿物交代溶蚀而成（图 3-2h、j、l）。

3.1.5.2 构造

（1）块状构造：分布较为广泛，由黄铁矿、方铅矿等硫化物呈粒状紧密镶嵌而成，其间常充填有硫化物集合体或围岩角砾和岩屑（图 3-2d）。

（2）脉状和网脉状构造：金属硫化物呈单脉或复合细脉充填于围岩裂隙或矿石裂隙中呈脉状或网脉状分布，由含矿气水热液沿围岩或早期形成的矿体裂隙充填形成。在矿床内较发育，主要为含矿热液顺层交代所形成（图 3-2e）。

（3）浸染状构造：金属硫化物呈稀疏或稠密浸染状分布于蚀变围岩（图 3-2f）。

3.2 哈埂金矿

哈埂金矿位于哈播金矿以南 2000m 处，产于哈播富碱侵入岩体的边缘（图 2-2），矿体围岩为马邓岩群外麦地岩组 b 段，矿区主要控矿构造为依东断裂的次级断裂，矿床成因属破碎带热液脉型金矿床。矿脉沿该 NW 向次级断裂及构造裂隙产出，目前共发现两条矿脉，其中，Ⅰ号矿脉长 50m、宽 0.5~1.0m，Ⅱ号矿脉长约 30m、宽 0.25~0.3m，以褐铁矿为主，含少量磁铁矿。总体而言，矿石中主要矿物以磁铁矿和黄铁矿为主，矿石褐铁矿化强烈，一些氧化矿石表面常见孔雀石薄膜。

3.2.1 矿区地层

矿区地层较为单一，为古生代马邓岩群 b 段（Pzw^b）（图 3-3a），其主要岩性为浅灰、灰黄色变质石英砂岩，灰色绢云石英千枚岩夹深灰、灰黑色绢云千枚岩，灰色含硅质或泥质条带结晶灰岩及灰色硅质岩、碳质板岩。本组岩性在横向上无显著变化，其厚度大于 800m。矿区地层受区域构造控制明显，地层倾向南或南南西，倾角变化大。

图 3-3　哈埂金矿地表矿体产出特征

Py—黄铁矿；Mag—磁铁矿；Lm—褐铁矿

3.2.2　矿区构造

矿区断裂构造发育，主要为依东断裂的次级断裂，断裂走向 NW，含金磁铁矿脉沿该 NW 向次级断裂及构造裂隙产出。

依东断裂为一逆冲断层，其活动时期为印支期（D_2）-燕山期（D_3），呈北西-南东向展布，其破碎带宽 10~20m，构造岩组成为碎裂岩、角砾岩、断层泥，糜棱岩具后期的碎裂岩化现象，局部可见保存完好的准糜棱岩，沿断裂带发育透镜状石英脉群，具褐（黄）铁矿化、方铅矿化、闪锌矿化、硅化、碳酸盐化、黏土化等蚀变，断裂旁侧具剪切透镜体和牵引褶皱，走向 280°~310°，产状 30°∠70°，根据断面产状、擦痕及角砾被破坏痕迹判断，属后期脆性断裂叠加过的逆冲断裂，沿依东断裂有岩浆活动，见喜山期细晶正长岩脉和煌斑岩脉侵入。

3.2.3　矿区岩浆岩

矿区岩脉发育，斜长细晶岩与正长细晶岩脉平行岩层面理侵入（图 3-3a），地表未见哈播单元出露。细晶岩一般为 NW 走向的岩脉，蚀变和风化强烈。新鲜岩石为灰色致密块状，而风化岩石为红棕色、黑色。岩石普遍具斑状、似斑状结构，块状构造。

3.2.4　围岩蚀变及矿化特征

（1）矿区赋矿围岩蚀变交代作用强烈，主要为硅化、次生黄铁石英岩化、黄铁矿化、褐铁矿化、绢云母化等。

（2）哈埂金矿床的矿化特征与喜山期富碱岩浆岩活动密切相关，与围岩蚀变相对应。矿石中金属矿物以磁铁矿和黄铁矿为主，含少量钛铁矿、黄铜矿、方铅矿及褐铁矿。其中，磁铁矿为他形，结晶较粗大（图3-4d），部分呈细粒浸染状被石英包裹，或沿石英颗粒间隙分布；钛铁矿为他形，颗粒较大，与磁铁矿共生（图3-4a、b）；他形黄铜矿常沿磁铁矿裂隙充填交代；黄铁矿多呈立方体产出，常分布于磁铁矿边缘或磁铁矿间隙，部分黄铜矿已氧化成褐铁矿（图3-4e、f）；矿床中黄铁矿颗粒多呈他形分布于矿石中，有时零星分布（图3-4e）；矿床中偶见方铅矿，其结晶较差，颗粒较小，一般小于$50\mu m \times 50\mu m$，该类矿物常呈他形交代黄铁矿和黄铜矿，有时被褐铁矿包裹，分布于矿物间隙中。因此，本矿床矿物生成顺序大致为：磁铁矿（钛铁矿）→黄铁矿→黄铜矿→方铅矿→褐铁矿。与金矿化有关的围岩蚀变主要为硅化、次生黄铁石英岩化、黄铁矿化、褐铁矿化、绢云母化等。

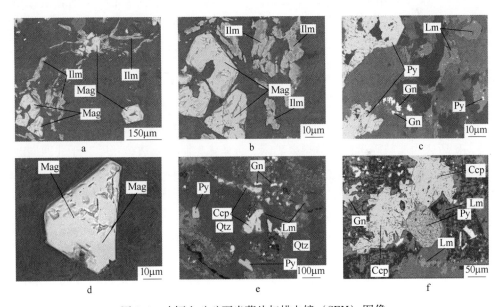

图 3-4　哈埂金矿矿石光薄片扫描电镜（SEM）图像

扫描电镜图图像来自样品 HG-4-5；a—磁铁矿与钛铁矿共生；b—磁铁矿与钛铁矿共生；c—黄铁矿边部被氧化成褐铁矿，亦有少部分黄铁矿被褐铁矿包裹；d—磁铁矿颗粒；e—黄铜矿边部被氧化成褐铁矿，黄铁矿零星分布；f—黄铜矿边部被氧化成褐铁矿，偶见黄铁矿、方铅矿零星分布

Mag—磁铁矿；Ilm—钛铁矿；Ccp—黄铜矿；Py—黄铁矿；Gn—方铅矿；Lm—褐铁矿；Qtz—石英

3.2.5　矿石结构和构造

3.2.5.1　结构

矿石结构主要有粒状结构、包含结构、板条状结构及交代结构。

（1）粒状结构：矿体中常见，自形黄铁矿常呈立方体，与他形-半自形黄铜矿或半自形褐铁矿共生（图 3-4c～e），为含矿热液在断裂、裂隙带内结晶沉淀形成。

（2）包含结构：在一种粗大晶体的矿物中，包含有同种或另一种细小晶体的矿物，如黄铁矿被褐铁矿所包含（图 3-4c）。

（3）交代结构：为早期结晶出的矿物，被晚期生成的矿物交代溶蚀而成（图 3-4a）。

3.2.5.2　构造

（1）块状构造：分布较为广泛，由黄铁矿、磁铁矿呈粒状紧密镶嵌而成，其间常充填有硫化物集合体或围岩角砾和岩屑（图 3-3d）。

（2）脉状和网脉状构造：金属硫化物呈单脉或复合细脉充填于围岩裂隙或矿石裂隙中呈脉状或网脉状分布，由含矿气-水热液沿围岩或早期形成的矿体裂隙充填形成。在矿床内较发育，主要为含矿热液顺层交代所形成（图 3-3c）。

（3）浸染状构造：金属硫化物呈稀疏或稠密浸染状分布于蚀变围岩中。

3.3　沙普金矿

沙普矿体围岩为外麦地岩组 b 段，矿区主要控矿构造为大排断裂的次级断裂，矿床成因属破碎带热液脉型金矿床。金矿体呈脉状或透镜状赋存于北西向断层破碎带中，矿体受构造蚀变带控制，形态较复杂，具尖灭再现特征。矿体形态呈脉状、透镜状。长度 55～168m，平均厚度 1.85m，平均品位 1.44g/t。

3.3.1　矿区地层

矿区地层主要为古生代马邓岩群 b 段和第四系（Q）：

（1）古生代马邓岩群 b 段（Pzw^b）主要岩性为浅灰、灰黄色变质石英砂岩，灰色绢云石英千枚岩夹深灰、灰黑色绢云千枚岩，灰色含硅质或泥质条带结晶灰岩及灰色硅质岩、碳质板岩。本组岩性在横向上无显著变化，其厚度不详。

（2）第四系（Q）洪冲坡积层主要分布于低凹河谷地带，由灰色、褐色砂质黏土、砂粒和砾石组成，厚度在 0～20m 之间。

3.3.2 矿区构造

矿区断裂构造发育，为大排断裂的次级断裂，主要有 NW、NE、SN 向三组，主要金矿化均产生于断裂破碎带中。

大排断裂位于矿区南西部，呈北西-南东向展布，进入矿区西侧被哈播岩体侵位吞蚀。区内走向 26km，破碎带宽 8～25m，构造岩组成为碎裂岩、糜棱岩、断层泥。在断裂带见脆性角砾岩，角砾略具定向性，两侧岩性明显不同，且节理发育，局部见早期的脆韧性准糜棱岩，断裂带具硅化、黏土化、黄铁矿化等蚀变。走向 290°～300°，产状 40°∠70°，根据断面产状及擦痕判断，为逆冲断裂性质。

3.3.3 矿区岩浆岩

矿区岩浆活动复杂，按岩石类型可划分基性岩类、中-碱性岩类，其就位时代以喜山期为主，侵入岩多呈岩脉、岩墙、岩株产出。其中，中-碱性岩浆岩分布最广，哈播富碱侵入岩体位于矿区西部。此外，矿区岩脉较发育，岩石类型包括煌斑岩、辉绿岩、辉长岩、石英正长斑岩、石英斜长细晶岩和正长细晶岩等，空间上各脉岩与岩脉受地表构造控制，均平行于主构造呈北西向展布，与围岩呈侵入接触关系。

3.3.4 围岩蚀变及矿化特征

（1）矿区赋矿围岩蚀变交代作用强烈，主要为硅化、黄铁矿化、褐铁矿化等（图 3-5）。

（2）沙普金矿床的矿化特征与喜山期富碱岩浆岩活动密切相关，与围岩蚀变相对应。矿石中主要矿物以黄铁矿、褐铁矿为主（图 3-5a～f），含少量锐钛矿和黄铜矿，手标本见矿石褐铁矿化强烈，金呈微细粒游离态赋存于褐（黄）铁矿中。脉石矿物主要为石英，其次为绢云母和长石。黄铁矿呈自形-半自形立方体、不规则粒状，部分呈细粒浸染状被石英包裹，或沿石英颗粒间隙分布，而有的黄铁矿则呈集合体团块状分布（图 3-5e、f），且褐铁矿化发育。与金矿化有关的围岩蚀变主要为硅化、黄铁矿化、褐铁矿化等。

3.3.5 矿体地质特征

目前在矿区已圈定 V_1、V_2 两个金矿化体群。金矿化体均受构造蚀变带控制，形态较简单，呈脉状或透镜状，含矿围岩主要为褐铁矿化硅化角砾状变质石英杂砂岩、褐铁矿化硅化变质杂砂岩，其顶板为变质石英杂砂岩，矿与非矿界线不明

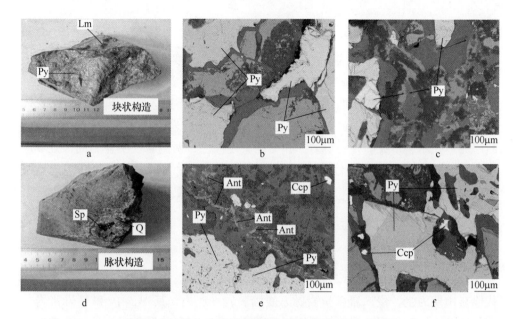

图 3-5　沙普金矿矿石光薄片扫描电镜（SEM）图像

扫描电镜图图像来自样品 SP-25-4：a—块状黄铁矿，表面褐铁矿化；b—黄铁矿与钙铁硅酸盐共生；
c—黄铁矿零星分布；d—脉状闪锌矿；e—黄铁矿集合体周边分布有针状、长柱状锐钛矿，黄铜矿零星分布；
f—黄铁矿集合体周围分布有零星黄铜矿

Py—黄铁矿；Lm—褐铁矿；Ccp—黄铜矿；Ant—锐钛矿；Sp—闪锌矿；Q—石英

显，矿化体群具体特征分布如下：

（1）V_1 矿化体群：赋矿地层为外麦地组 a 岩段二亚段（Pzw^{a-2}）浅灰、灰黄色变质绢云母长石石英杂砂岩，变质长石石英砂岩夹紫红、灰绿色绢云千枚岩，石英绢云千枚岩，矿体受 NW（W）向断层控制，金矿体多呈脉状或透镜状赋存于 NW（W）向断层破碎带中，其中黄铁矿（褐铁矿）化发育，该矿化体群由 5 个矿化体组成，编号分别为 V_{1-1}、V_{1-2}、V_{1-3}、V_{1-4}、V_{1-5} 金化矿体，经 6 条槽探工程揭露控制，总体呈北西向展布。其中，V_{1-1} 金矿化体总体呈北西-南东走向，产状 23°~39°∠61°~72°，分布在 5~12 勘探线，由 TC18、TC2、TC12-1、TC12 四个槽探工程揭露，工程间距 12~102m，控制走向长 168m，分布标高 1667~1700m，在北西方向尖灭，而南东未圈边，单工程矿体厚度 0.79~1.45m，矿体平均厚度 1.14m，厚度变化系数 27.86%，厚度变化稳定，单样金品位 0.38~1.92g/t，矿化体平均品位 0.83g/t，品位变化系数 71.67%，变化相对均匀；V_{1-2} 金矿化体总体呈北西-南东走向，产状 3°∠64°~66°，分布在 0~5 勘探线，由 TC2、TC6 两个槽探工程揭露，控制走向长 56m，分布标高 1663~1698m，矿体在北西方向尖灭，南东未圈闭，单工程矿体厚度 1.43~2.40m，矿体平均厚度

1.92m，厚度变化系数35.82%，厚度变化稳定，单样金品位0.49~1.16g/t，矿体平均品位0.99g/t，品位变化系数57.43%，变化相对均匀；V_{1-3}金矿化体总体呈北西-南东走向，产状0°~3°∠60°~66°，分布在0~5勘探线，由TC2、TC6两个槽探工程揭露，控制走向长55m，分布标高1663~1698m，矿体在北西方向尖灭，而南东未圈边，单工程矿体厚度1.44~3.56m，矿体平均厚度2.5m，厚度变化系数59.96%，变化稳定，单样金品位0.45~5.49g/t，单工程平均品位0.54~2.70g/t，矿体平均品位2.07g/t，品位变化系数94.28%，变化均匀（云南省地质矿产勘查开发局第二地质大队，2014）。

（2）V_2矿化体群：该矿体群产出特征与V_1矿体群类似，所不同的是矿体周围细晶正长岩脉和云煌斜长岩脉发育，金矿体多呈脉状或透镜状赋存于NW-SE向断层破碎带中，其中黄铁矿（褐铁矿）化发育，该矿化体群由3个矿化体组成，编号分别为V_{2-1}、V_{2-2}、V_{2-3}金矿化体，经5条槽探工程揭露控制，总体呈北西向展布。其中，V_{2-1}金矿化体总体呈北西-南东走向，产状67°~74°∠55°~78°，分布在108~107勘探线，由TC4、TC3、TC13、TC23四个槽探工程揭露，工程间距20~48m，控制走向长106m，分布标高1930~1983m，单工程矿体厚度1.29~3.26m，矿体平均厚度1.84m，厚度变化系数50.78%，变化相对稳定，单样金品位0.32~1.92g/t，单工程平均品位0.32~1.92g/t，矿体平均品位0.85g/t，品位变化系数82.94%，变化均匀；V_{2-2}金矿化体总体呈北西-南东走向，产状40°~79°∠55°~63°，分布在100~108勘探线，由TC3、TC13两个槽探工程揭露，控制走向长67m，分布标高1942~1983m，矿体受构造蚀变带控制，形态较复杂，具尖灭再现特征，含矿岩石主要为变质杂砂岩，顶板为变质石英杂砂岩，矿与非矿界线不明显，仅通过取样分析来划分，单工程矿体厚度1.88~2.26m，矿体平均厚度2.07m，厚度变化系数51.88%，厚度变化稳定，单样金品位0.33~27.23g/t，单工程平均品位0.43~14.09g/t，矿体平均品位7.89g/t，品位变化系数157.46%，变化较大；V_{2-3}金矿化体总体呈北西-南东走向，产状44°~77°∠60°~76°，分布在107~108勘探线，由TC19、TC3、TC13三个槽探工程揭露，控制走向长140m，分布标高1650~1982m，单工程矿体厚度0.90~2.70m，矿体平均厚度1.51m，厚度变化系数66.93%，变化相对稳定，单样金品位0.36~2.32g/t，单工程平均品位0.50~2.32g/t，矿化体平均品位1.15g/t，品位变化系数70.45%，变化相对较均匀（云南省地质矿产勘查开发局第二地质大队，2014）。

3.3.6　矿石结构和构造

3.3.6.1　结构

矿石结构主要有粒状结构和交代残余结构。

（1）粒状结构：矿体中常见，自形黄铁矿常呈立方体，与他形-半自形磁铁矿或半自形褐铁矿共生（图 3-5a~c），为含矿热液在断裂、裂隙带内结晶沉淀形成。

（2）交代残余结构：黄铁矿、锐钛矿等被其他金属硫化物交代，残余下一些岛屿或不规则残余体（图 3-5e、f）。

3.3.6.2　构造

（1）块状构造：分布较为广泛，由黄铁矿、磁铁矿呈粒状紧密镶嵌而成，其间常充填有硫化物集合体或围岩角砾和岩屑（图 3-5a）。

（2）脉状和网脉状构造：闪锌矿呈单脉或复合细脉充填于围岩裂隙或矿石裂隙中呈脉状或网脉状分布，由含矿气水热液沿围岩或早期形成的矿体裂隙充填形成。在矿床内较发育，主要为含矿热液顺层交代所形成（图 3-5d）。

（3）浸染状构造：金属硫化物呈稀疏或稠密浸染状分布于蚀变围岩中。

3.4　舍俄金矿

舍俄金矿产于哈播富碱侵入岩体北部接触带外侧（图 2-2），矿体围岩为外麦地岩组 b 段，矿区主要控矿构造为 NE 向断裂构造，矿床成因属破碎带热液脉型金矿床。金矿体呈脉状或透镜状赋存于北西向断层破碎带中，矿体受构造蚀变带控制，形态较复杂，矿体形态主要呈脉状、透镜状。

3.4.1　矿区地层及构造

（1）矿区地层为古生代马邓岩群 b 段（Pzw^b），其主要岩性为浅灰、灰黄色变质石英砂岩，灰色绢云石英千枚岩夹深灰，灰黑色绢云千枚岩，灰色含硅质或泥质条带结晶灰岩及灰色硅质岩、碳质板岩。

（2）矿区内 NE 向次级断裂发育，沿破碎带具硅化、黄铁矿化、褐铁矿、黏土化、碳酸盐化等。

3.4.2　矿区岩浆岩

矿区岩浆活动复杂，按岩石类型可划分为基性岩类、中-碱性岩类，其就位时代以喜山期为主，侵入岩多呈岩脉、岩墙、岩株产出。其中，中-碱性岩浆岩分布最广，哈播富碱侵入岩体位于矿区东部。此外，矿区岩脉较发育，岩石类型包括煌斑岩、辉绿岩、辉长岩和石英正长斑岩等，空间上各脉岩与岩脉受地表构造控制，均平行于主构造呈北西向展布，与围岩呈侵入接触关系。

3.4.3　围岩蚀变及矿化特征

（1）矿区赋矿围岩蚀变交代作用强烈，主要包括硅化、黄铁矿化、褐铁矿、黏土化、碳酸盐化等。

（2）舍俄金矿床的矿化特征与喜山期富碱岩浆岩活动密切相关，与围岩蚀变相对应。矿石中主要矿物以磁铁矿（图3-6b、d）和黄铁矿（图3-6c）为主，仅在地表分布少量褐铁矿，含少量黄铜矿和绢云母（图3-6f），脉石矿物以方解石和石英为主，含少量重晶石，其中，方解石为不等粒状呈板状集合体，少部分呈脉状产出，在矿化强及富矿部位方解石较多。与金矿化有关的围岩蚀变主要为硅化、黄铁矿化、褐铁矿化、黏土化、碳酸盐化等。

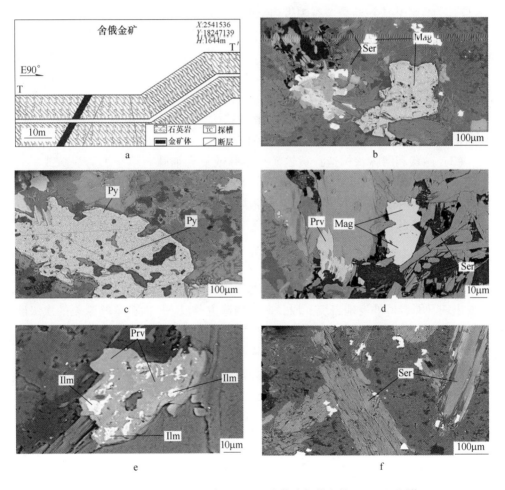

图3-6 舍俄金矿探槽示意图及矿石光薄片扫描电镜（SEM）图像

扫描电镜图图像来自样品SE-3：a—舍俄金矿矿区探槽；

b—磁铁矿集合体及部分硅酸盐矿物的绢云母化；c—黄铁矿集合体；

d—他形磁铁矿颗粒、绢云母及钙钛矿；e—钙钛矿与钛铁矿共生；f—绢云母

Mag—磁铁矿；Py—黄铁矿；Ilm—钛铁矿；Prv—钙钛矿；Ser—绢云母

3.4.4 矿石结构和构造

3.4.4.1 结构

矿石结构主要有粒状结构、包含结构和交代残余结构。

（1）粒状结构：矿体中常见，磁铁矿常呈他形与矿物共生（图3-6b、d），为含矿热液在断裂、裂隙带内结晶沉淀形成。

（2）包含结构：锐钛矿、黄铁矿和磁铁矿等矿物被其他矿物所包含（图3-6e、f），为含矿热液在断裂、裂隙带内结晶沉淀形成。

（3）交代残余结构：黄铁矿被其他金属硫化物交代，残余下一些岛屿或不规则残余体（图3-6c）。

3.4.4.2 构造

（1）块状构造：分布较为广泛，由黄铁矿、磁铁矿呈粒状紧密镶嵌而成，其间常充填有硫化物集合体或围岩角砾和岩屑。

（2）脉状和网脉状构造：黄铁矿呈单脉或复合细脉充填于围岩裂隙或矿石裂隙中呈脉状或网脉状分布，由含矿气水热液沿围岩或早期形成的矿体裂隙充填形成。在矿床内较发育，主要为含矿热液顺层交代所形成。

（3）浸染状构造：金属硫化物呈稀疏或稠密浸染状分布于蚀变围岩中。

3.5 阿东铅锌矿

阿东铅锌矿位于哈播富碱侵入岩体北西围岩断裂中（图2-2、图3-7）。矿区主要出露马邓岩群外麦地岩组 b 段，矿区构造主要以 NE 向黄草岭断裂的次级断裂为主，其产状为 N50°~70°E∠60°~70°SE，断层面上可见垂直、水平两组擦痕，属压扭性断层，该断层控制了阿东铅锌矿床主矿体的产出。矿床成因属破碎带热液脉型铅锌矿床。本矿床赋矿围岩为构造角砾岩，少量为结晶灰岩，铅锌矿体呈透镜状或脉状产出，延长约 500 余米，宽在 30~40m 之间，延深大于 70m，单矿体厚 1~10m，尖灭再现现象普遍。总体上，本矿床中矿石呈致密块状，有益元素以 Pb 为主，其品位在 6.78%~10.54% 之间，此外，还含少量 Zn 和 Cu。

3.5.1 矿区地层

矿区地层为古生代马邓岩群 b 段（Pzw^b）（图3-7），其岩性主要为灰、灰黄色细-中粒长石石英杂砂岩，灰、深灰色细-中粒岩屑长石石英杂砂岩夹板岩，灰、浅灰色硅化石英杂砂岩局部间夹灰、深灰色条带状泥、粉晶灰岩。该地层为构造岩层，其厚度不详。

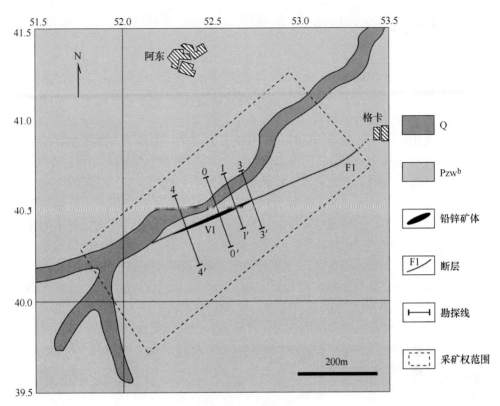

图 3-7　阿东铅锌矿床地质图
（据云南地矿特种工程有限公司，2004）

3.5.2　矿区构造

矿区构造主要以 NE 向黄草岭断裂的次级断裂为主。黄草岭断裂位于矿区北东角，呈北西-南东向展布，为一条规模较大的多期活动断裂，中北段为线性地貌，沿断裂带多有泉水涌出，其长约 28.5km，破碎带宽 8～15m，构造岩为碎裂岩、角砾岩、断层泥，沿断裂可见后期的碎裂岩化叠加了早期的准糜棱岩。该断层走向为 290°～320°，倾向北东，倾角为 50°～70°，根据断面产状及擦痕判断，为逆冲断裂性质。

3.5.3　矿区岩浆岩

矿区岩浆岩主要为中-碱性岩浆岩，主要分布于矿区东南部，为哈播富碱侵入岩体。此外，矿区岩脉较发育，包括石英岩、煌斑岩和正长细晶岩等，岩石普遍具有斑状、似斑状结构，块状构造，空间上各脉岩与岩脉受地表构造控制，与围岩呈侵入接触关系。

3.5.4　围岩蚀变及矿化特征

（1）围岩蚀变明显，与铅锌矿化关系密切的有硅化、黄铁矿化和方解石化，蚀变越强烈，则矿化越强。

（2）阿东铅锌矿的矿化特征与喜山期富碱岩浆岩活动密切相关，与围岩蚀变相对应，受区内构造控制明显。矿床中矿石以硫化矿为主，仅在地表分布少量氧化矿，其中矿石矿物主要为闪锌矿，其次是方铅矿，同时含有少量黄铁矿和黄铜矿，硫化矿物普遍褐铁矿化；脉石矿物以方解石（约占 50%）和石英为主，含少量重晶石，其中，方解石为不等粒状呈板状集合体，少部分呈脉状产出，矿化强及富矿部位方解石较多。矿相观察和扫描电镜分析结果可以看出，阿东矿床中黄铁矿结晶较大，但晶型保存较差，呈星点状嵌布于闪锌矿粒间，常被闪锌矿包裹交代（图 3-8d），近地表黄铁矿多已氧化成褐铁矿。黄铜矿多呈他形充填于石英脉的裂隙中，在方铅矿和闪锌矿中也常见黄铜矿的显微包裹体（图 3-8a）。闪锌矿和方铅矿为他形，粒度较粗（0.10~1mm），其中闪锌矿常常包裹方铅矿（图 3-8c~e）。本矿床矿物生成顺序为：黄铁矿→黄铜矿→方铅矿→闪锌矿→褐铁矿。与铅锌矿化关系密切的围岩蚀变有硅化、黄铁矿化和方解石化，蚀变越强

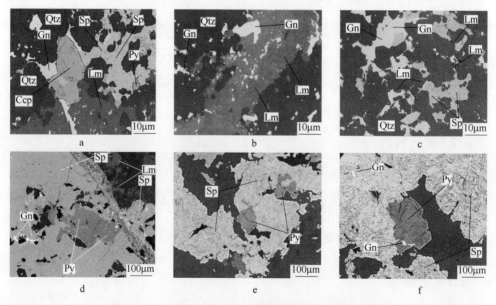

图 3-8　阿东铅锌矿矿石光薄片扫描电镜（SEM）图像

扫描电镜图图像来自样品 AD-30：a—黄铜矿被方铅矿、闪锌矿包裹，黄铁矿被闪锌矿包裹，褐铁矿沿着方铅矿、闪锌矿及黄铜矿边部生长；b—褐铁矿集合体包裹零星分布的方铅矿；c—褐铁矿沿着方铅矿和闪锌矿的边部生长；d—闪锌矿包裹黄铁矿及方铅矿，褐铁矿沿着闪锌矿边部生长；e—黄铁矿被闪锌矿包裹；f—黄铁矿和方铅矿被闪锌矿包裹

Py—黄铁矿；Ccp—黄铜矿；Gn—方铅矿；Sp—闪锌矿；Lm—褐铁矿；Qtz—石英

烈，则矿化越强。

3.5.5 矿石结构和构造

3.5.5.1 结构

矿石结构主要有粒状结构、包含结构和交代残余结构。

（1）粒状结构：矿体中常见，黄铁矿常呈他形与闪锌矿共生（图 3-8e、f），为含矿热液在断裂、裂隙带内结晶沉淀形成。

（2）包含结构：方铅矿、黄铜矿等矿物被闪锌矿所包含（图 3-8b、d、f），为含矿热液在断裂、裂隙带内结晶沉淀形成。

（3）交代残余结构：闪锌矿被其他金属硫化物交代，残余下一些岛屿或不规则残余体（图 3-8a~d）。

3.5.5.2 构造

（1）脉状和网脉状构造：方铅矿、闪锌矿及黄铁矿呈单脉或复合细脉充填于围岩裂隙或矿石裂隙中呈脉状或网脉状分布，由含矿气水热液沿围岩或早期形成的矿体裂隙充填形成。在矿床内较发育，主要为含矿热液顺层交代所形成（图 3-9a、b）。

（2）浸染状构造：金属硫化物呈稀疏或稠密浸染状分布于蚀变围岩中（图 3-9c、d）。

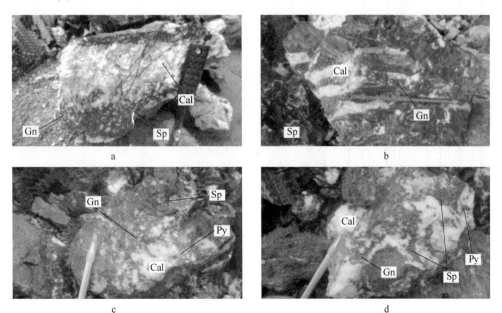

e　　　　　　　　　　　　　　　　　　f

图 3-9　阿东铅锌矿矿床矿石手标本照片

a—脉状矿石，方铅矿及闪锌矿沿方解石-石英脉边部分布；b—脉状矿石，含方铅矿方解石脉；

c—浸染状矿石，方铅矿、闪锌矿及黄铁矿零星分布；

d—脉状矿石，浸染状矿石，方铅矿、闪锌矿及黄铁矿零星分布；

e—煌斑岩，斑状结构，块状构造；f—变质硅质岩，块状构造

3.6　多脚铅锌矿

　　多脚铅锌矿（点）位于多脚村附近，哈播复式岩基东侧围岩断裂中（图 2-2）。矿区出露地层为古生界马邓岩群外麦地岩组 b 段和 c 段。依东断裂穿过矿区，是本矿床最重要的控矿构造。矿床成因属破碎带热液脉型铅锌矿床。铅锌矿体呈脉状或透镜状分布于 NW-SE 向断层破碎带或附近次级断裂中。矿石类型主要为脉状铅锌矿石、角砾状铅锌矿石。闪锌矿和方铅矿是矿床中最主要矿石矿物，常呈他形星点状、团斑状与石英脉共生，或呈脉状穿插于石英脉中。

3.6.1　矿区地层

　　矿区地层为古生代马邓岩群 b 段（Pzw^b）及 c 段（Pzw^c）。其中，b 段岩性主要为灰、灰黄色细-中粒长石石英杂砂岩，灰、深灰色细-中粒岩屑长石石英杂砂岩夹板岩，灰、浅灰色硅化石英杂砂岩局部间夹灰、深灰色条带状泥、粉晶灰岩；c 段岩性以绢云石英千枚岩、变质石英杂砂岩夹绢云千枚岩、千枚状板岩为主。该地层为构造岩层，本组岩性在横向上无显著变化，其厚度不详。

3.6.2　矿区构造

　　矿区构造主要为依东断裂及其次级断裂。铅锌矿体呈脉状或透镜状分布于 NW-SE 向断层破碎带或附近次级断裂中。

　　依东断裂为一逆冲断层，其活动时期为印支期（D_2）-燕山期（D_3），呈北西-南东向展布，其破碎带宽 10~20m，构造岩组成为碎裂岩、角砾岩、断层泥，糜棱岩具后期的碎裂岩化现象，局部可见保存完好的准糜棱岩，沿断裂带发育透

镜状石英脉群，具褐（黄）铁矿化、方铅矿化、闪锌矿化、硅化、碳酸盐化、黏土化等蚀变，断裂旁侧具剪切透镜体和牵引褶皱，走向 280°～310°，产状 30°∠70°，根据断面产状、擦痕及角砾被破坏痕迹判断，属后期脆性断裂叠加过的逆冲断裂。

3.6.3　矿区岩浆岩

矿区岩浆活动较发育，主要发育石英岩脉、正长细晶岩脉及阿树单元。其中石英岩为粒状结构，块状构造；细晶岩为斑状结构，块状构造；阿树单元为石英正长斑岩，似斑状结构，块状构造。侵入岩脉与围岩接触面普遍角岩化。

3.6.4　围岩蚀变及矿化特征

（1）矿区赋矿围岩蚀变交代作用强烈，与铅锌矿化关系密切的围岩蚀变有黄铁矿化、硅化、角岩化、次生石英岩化。

（2）多脚铅锌矿的矿化特征与喜山期富碱岩浆岩活动密切相关，与围岩蚀变相对应，受区内构造控制明显。矿相观察和扫描电镜分析结果表明，本矿床中金属矿物相对较简单，以闪锌矿、方铅矿为主，含少量黄铁矿，偶见稀土矿物，脉石矿物主要为石英。其中，黄铁矿多呈他形产于脉石矿物间隙，或被闪锌矿包裹（图 3-10c），部分黄铁矿呈星点状产于脉石矿物中，矿石风化程度相对较高，部分含铁较高的闪锌矿已氧化成褐铁矿（图 3-10e），方铅矿多呈他形或星点状分布于脉石矿物（石英）裂隙中或被闪锌矿包裹（图 3-10b~f），有时可见方铅矿交代闪锌矿现象（图 3-10f）。此外，还发现不少细小黄铜矿，该类矿物呈他形分布于石英中，常被闪锌矿和方铅矿交代，其颗粒细小，多小于 $100\mu m \times 100\mu m$，偶见 $900\mu m \times 600\mu m$ 左右黄铜矿。综上所述，矿物生成顺序如下：黄铁矿+黄铜矿→方铅矿→闪锌矿→褐铁矿。

3.6.5　矿石结构和构造

3.6.5.1　结构

矿石结构主要有粒状结构、包含结构和交代残余结构。

（1）粒状结构：矿体中常见，方铅矿常呈他形与闪锌矿共生（图 3-10d、e），为含矿热液在断裂、裂隙带内结晶沉淀形成。

（2）包含结构：方铅矿、黄铁矿等矿物被闪锌矿所包含（图 3-10b、c、f），为含矿热液在断裂、裂隙带内结晶沉淀形成。

（3）交代残余结构：黄铁矿被其他金属硫化物交代，残余下一些岛屿或不规则中残余体（图 3-10c、e）。

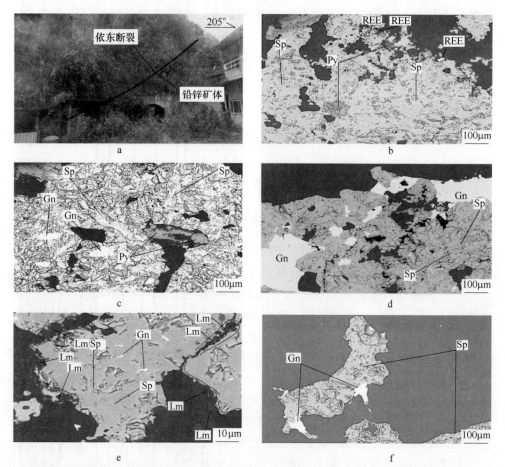

图 3-10　多脚铅锌矿坑口照片及矿石光薄片扫描电镜（SEM）图像

扫描电镜图图像来自样品 DJ-15：b—星点状黄铁矿、方铅矿被闪锌矿集合体包裹，偶见星点状稀土矿
物；c—方铅矿被闪锌矿集合体包裹、残留黄铁矿被闪锌矿包裹；d—方铅矿与闪锌矿共生，偶见方铅矿
被闪锌矿包裹；e—星点状方铅矿被闪锌矿集合体包裹，且闪锌矿边缘大量褐铁矿化；

f—方铅矿沿着闪锌矿集合体边缘分布

Py—黄铁矿；Gn—方铅矿；Sp—闪锌矿；Lm—褐铁矿

3.6.5.2　构造

（1）脉状和网脉状构造：方铅矿、闪锌矿及黄铁矿呈单脉或复合细脉充
填于围岩裂隙或矿石裂隙中呈脉状或网脉状分布，由含矿气水热液沿围岩或
早期形成的矿体裂隙充填形成。在矿床内较发育，常形成方解石脉矿石
（图 3-11a~d）。

（2）浸染状构造：金属硫化物呈稀疏或稠密浸染状分布于蚀变围岩中。

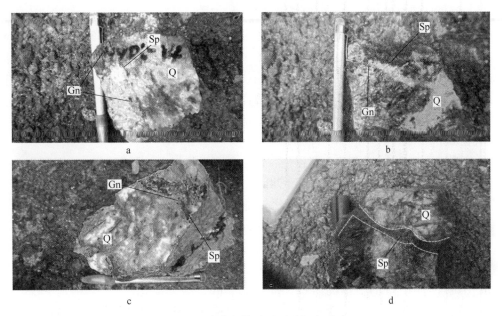

图 3-11　多脚铅锌矿矿石手标本照片

Gn—方铅矿；Sp—闪锌矿；Q—石英

3.7　老集寨矿集区

　　矿集区位于金平县城 280°方向，直线平距 47km，元阳县城 173°方向，直线平距 34km 的金平县老集寨乡和元阳县黄草岭乡接壤部位的堕谷-依里一带，行政区划分别隶属于金平县老集寨乡和元阳县黄草岭乡所管辖。该区属于红河南岸，地处云贵高原哀牢山脉的南端，受老猛河水系及其支流的强烈切割，形成山高谷深以中高山为主的典型山区地貌，总体地势呈中部高、南北低，沟谷纵横交错，均呈 "V" 字形，地形较为陡峻，最高山为马撒斯后山，海拔标高 1789.2m，最低标高 460m（矿区东部的老猛河），相对高差达 1329.2m。区内气候属南亚热带季风气候，具有垂直气候分带复杂、低纬山原型季风气候特点。区内分布有老集寨铅锌多金属矿床和老集寨金矿床，两者相距较近，故本书称之为矿集区。

3.7.1　老集寨矿区

　　区内主要出露地层为上三叠统高山寨组（T_3g）碎屑岩夹碳酸盐岩透镜体、酸性-基性火山岩，其次在矿区北东角出露中三叠统牛上组（T_2n）碎屑岩夹碳酸盐岩透镜体。矿区地层岩性特征由新到老分述如下：

　　第六段（T_3g^6）：上部浅紫红色、黄褐色、灰绿色薄-微层状千枚岩、板岩夹薄-中层状砂岩；下部浅紫色、浅灰色、灰绿色薄层状千枚岩夹板岩。底部为砂岩，局部地段含薄层砾岩。厚度 340~554m，具有 Au、Cu、Sb 等矿化。

第五段（T_3g^5）：上部灰色、灰绿色薄层状板岩、砂岩，顶部夹透镜状大理岩化灰岩、泥质条带灰岩。具 Au、Cu、Sb 等矿化，为本区主要赋金层位。下部灰白色、灰色、黄褐色薄层状含砾板岩（砾石成分为灰岩、板岩、砂岩）。

第四段（T_3g^4）：上部灰绿色、灰黑色、黄褐色薄层状板岩，下部黄褐色、灰色粗砂岩、砾岩。厚度 55~124m。底部为灰绿色、灰白色、黄褐色流纹斑岩，厚度 59m。

第三段（T_3g^3）：灰色、黄褐色、紫红色薄层状板岩，厚度 214m。底部为灰紫色块状安山岩夹火山角砾岩（厚 74m）及浅紫色、黄褐色块状玄武岩、杏仁状玄武岩（厚 20m）和黄褐色灰色块状流纹斑岩（厚 54m）。

第二段（T_3g^2）：浅灰色、灰白色薄-微层状千枚岩板岩，小褶曲发育。下部依次为浅紫色、暗绿色、灰黑色块状玄武岩、气孔状杏仁状玄武岩（厚 39~65m），浅黄色、灰白色块状流纹斑岩（厚 173m），灰绿色、灰紫色块状安山岩、安山斑岩（厚 199m）。本段具 Fe、Cu、Au、Pb、Zn 等矿化。

第一段（T_3g^1）：上部紫红色、浅黄色、灰绿色板岩夹浅黄色、灰白色中厚层状砂岩；下部浅黄色、黄褐色泥岩、板岩间夹透镜状灰岩，厚度大于 1100m。具 Au、Cu、Fe 等矿化，是主要的含矿层位。

3.7.2 构造

区内断裂构造较为发育，主要由北西向金竹寨-老集寨断裂与北东向的依里断裂等组成了区内的主要构造格架。断裂主要以北西向为主，属成矿前或成矿期断裂，而北东向的断裂属成矿后构造，破坏了北西向的主构造或矿体，在平行于北西向的次级断裂构造中伴随有铜铅锌矿化出现，并在局部形成铜铅锌矿体。

金竹寨-老集寨断裂分布于测区的南西边部，为区内的主要控岩、控矿、导矿构造，其走向北西，向南西倾斜，倾角 45°~65°，走向延伸长大于 10km，破碎带宽 10~50m 不等，断裂面平直或呈波状弯曲，断裂带内常充填有角砾，角砾成分为流纹斑岩、千枚岩化板岩、砂质板岩、碳质板岩，局部可见玄武岩，这些岩石普遍破碎，具揉皱、挤压、片理化现象明显，硅化强烈，断续可见黄铁矿化、褐铁矿化。此外，平行该断裂旁侧的次级断裂组极为发育，沿断裂破碎带赋存有铜铅锌矿体及金矿化体。依里断裂分布于测区的北西边部，是区内主要的控岩、破矿构造，其走向北东，倾向北西或南东，倾角 60°~80°，长度 2300m，破碎带宽 5~20m 不等，断裂面平直粗糙，断裂带内常充填有角砾，角砾成分为流纹斑岩、千枚岩化板岩、砂质板岩、碳质板岩，局部可见玄武岩。

矿区内褶皱构造不发育，规模较大的主要为北西向的咱俣-黄草岭复式向斜。矿区处于北西向的咱俣-黄草岭复式向斜南东段的北东翼部位，表现为一单斜构浩，产状为北西走向，向南西倾斜。其次由于区域构造应力及断裂构造的影响，在局部地段多出现小褶曲构造。

3.7.3 岩浆岩

区内出露岩浆岩主要有印支期酸性花岗斑岩和煌斑岩脉侵入活动以及基性-中性-酸性（玄武岩、安山岩、流纹岩、基性火山角砾岩等）火山喷发活动，特别是流纹岩（斑岩）具有多期旋迴喷发活动的特征。

流纹斑岩：分布在老集寨-石头寨以东，以流纹斑岩为主。区内长 8km，宽 20~600m，北西段较厚，往南东呈变薄的趋势。其产状与地层一致，呈北西向展布，位于 T_3g^1、T_3g^2、T_3g^4 地层的顶部。岩石呈灰白色-酱紫色。致密块状，常具流纹构造，斑状结构，基质霏细结构、微嵌晶结构。

安山斑岩：分布于老集寨-白乐寨以西，长约 700m，宽 60~750m，其产状与地层一致，呈北西-南东向展布，总体上北西厚，往南东有逐渐变薄的趋势。位于 T_3g^1、T_3g^2 地层的顶部。岩石呈绿灰色、粉红色、紫色，块状构造。

玄武岩：主要分布在老集寨-依里-石头寨一带，其产状与地层产状一致，呈北西-南东向展布，主要位于 T_3g^1 地层的顶部，在 T_3g^1、T_3g^2、T_3g^4 地层的顶部均有出露。往北西延伸出区外，区内长约 8km，宽 10~550m，往南东部厚度有变薄乃至尖灭的趋势。灰绿-灰黑色，致密块状-气孔（杏仁）状构造。

花岗斑岩（$\gamma\pi_5^1$）：出露于老集寨南西部。呈 N45°W 方向展布，区内长 4.56km，往南东方向尚有延伸，宽 40~480m。似岩床产于 T_3g^4 中，在岩体边部可见捕掳体。

脉岩：区内发现有大量煌斑岩脉分布，其产状基本与地层产状一致，呈 N30°~W40° 展布，向南西倾斜。出露长度数米至百余米不等，宽 3~5m。岩石地表多已风化呈褐黄色砂土状，部分原生岩石呈灰黑色、褐黄色致密块状，岩石中断续可见有绿色风化蚀变的铬水云母分布，局部具褐铁矿化、铁锰矿化。

3.7.4 老集寨铅锌多金属矿床

该矿床位于老集寨乡依里和大隔界之间，其铅锌铜矿体主要赋存于上三叠统高山寨组（T_3g）地层中，矿体沿老集寨-金竹寨断裂旁侧的破碎带展布，走向为北西向。矿体与围岩界线明显，呈透镜状或脉状产于金竹寨老集寨断裂或次级断裂破碎带中，尖灭再现普遍，矿体规模从十几米到几百米长，厚几米到十几米，矿石中 Pb、Zn 和 Cu 的平均品位分别在 5.00%~13.08%、1.00%~3.05% 和 0.30%~0.5% 之间。赋矿围岩为三叠系高山寨组第二段蚀变板岩，矿石呈致密块状、稠密浸染状、星点状、细脉状产于其中断裂破碎带，但矿化不均匀。在工程中揭露矿石类型均为硫化矿石，仅地表见少量氧化矿石。矿石结构主要为他形粒状结构和半自形粒状结构，次为碎裂结构及交代结构。常见的矿石构造主要为条带状构造、浸染状构造和斑杂-浸染状构造。

　　矿相及电子探针研究结果表明，本矿床金属矿物以方铅矿、闪锌矿、黄铜矿和黄铁矿等为主，矿石结构复杂，以交代结构为主。其中，方铅矿呈铅灰色，半自形~他形粒状、不规则状，强金属光泽，粒径 0.02~2.00mm，常呈块状集合体、稀疏浸染状和细脉状分布于含矿破碎带裂隙中，并交代闪锌矿和黄铜矿（图3-12、图3-13）；闪锌矿呈棕褐色他形粒状产出，粒径在 0.05~0.30mm 之间，常呈浸染状、不规则状、细脉状充填于围岩裂隙中（图3-12、图3-13），并包裹交代黄铁矿（图3-13a、c）；黄铜矿呈铜黄色他形粒状产出，强金属光泽，粒径集中在 0.01~0.10mm 之间，常呈块状集合体、浸染状和细脉状分布于含矿破碎带裂隙中，此外闪锌矿中黄铜矿"疾病"结构常见（图3-12a、b），这也是黄铜矿主要产出形式之一；黄铁矿多为自形、半自形~他形粒状，粒径在 0.01~2.0mm 之间，多呈星点浸染状（图3-12e）和细脉状分布于含矿破碎带及围岩裂隙中，或被闪锌矿和方铅矿包裹交代（图3-13），多数黄铁矿已氧化成褐铁矿（图3-13b~d）。此外，电子探针研究尚未在本矿床中发现任何 Au 和 Ag 矿物。本矿物生成顺序为：黄铁矿+黄铜矿→闪锌矿→方铅矿。

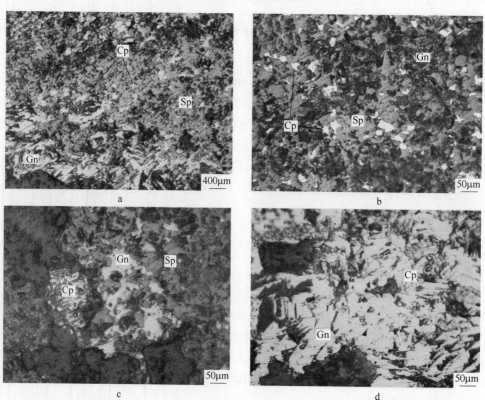

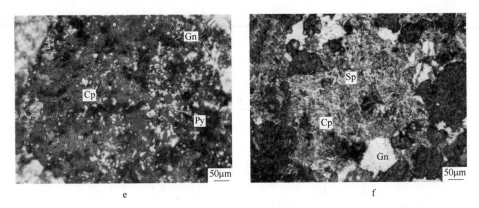

图 3-12　老集寨铅锌多金属矿床矿相照片

Py—黄铁矿；Sp—闪锌矿；Gn—方铅矿；Cp—黄铜矿

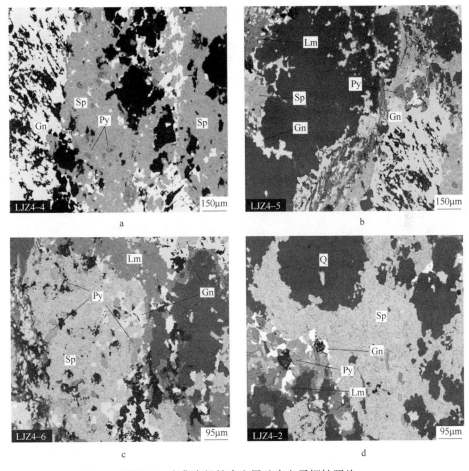

图 3-13　老集寨铅锌多金属矿床电子探针照片

Py—黄铁矿；Lm—褐铁矿；Gn—方铅矿；Sp—闪锌矿；Apy—毒砂；Q—石英

矿区主要围岩蚀变有硅化、褐铁矿化、黄铁矿化、孔雀石化、铬水云母化和绿泥石化等。其中，硅化主要沿断裂构造和岩体边缘的接触带附近分布，与成矿关系密切，是寻找铅、锌、铜、金矿的直接找矿标志；褐铁矿化主要沿断裂构造和岩体中的部分节理分布，局部可形成褐铁矿脉或铁帽，是寻找铅、锌、铜、金矿的直接找矿标志；黄铁矿化主要沿断裂构造及炭质板岩中的部分节理分布，是寻找铅、锌、铜、金矿的直接找矿标志；孔雀石化主要沿断裂构造及灰岩中的部分节理分布，是寻找铜、金矿的直接找矿标志；铬水云母化主要分布于风化蚀变的煌斑岩脉体中，是寻找铜、金矿的间接找矿标志；绿泥石化主要分布于断裂构造及风化蚀变的炭质板岩中，对寻找铅、锌、铜矿具有间接找矿意义。

矿床找矿标志包括：（1）地层，三叠系上统高山寨组第二段下部炭质板岩中、酸性流纹斑岩、基性玄武岩的接触部位、煌斑岩脉岩附近均赋存有铜铅锌矿体及金矿化体；（2）构造，北西向的金竹寨断裂是区内的主要导矿、控矿构造，其旁侧的北西向次级断裂构造是主要的含矿、容矿构造，北东向的断裂构造是成矿后断裂，破坏矿体或切错矿体，其中北西向的次级断裂构造主要赋存有铜铅锌矿体；（3）岩浆岩，煌斑岩脉旁侧，有不同程度的铜铅锌矿化，此外，酸性流纹斑岩、基性玄武岩旁侧有少量铅矿化点及铜金矿化点；（4）围岩蚀变，褐铁矿化、黄铁矿化、硅化、方解石化、孔雀石化与铜铅锌矿有关，而褐铁矿化、黄铁矿化、硅化、孔雀石化、高岭石绢云母黏土化、铬水云母化与铜金矿有关；（5）次生晕异常，Pb 异常浓集区及高值点与铅矿有关，Zn 异常浓集区及高值点与锌矿有关，而 Cu 异常浓集区及高值点与铜矿有关。

3.7.5　老集寨金矿

矿区位于金平县城 280° 方向、直距 47km，元阳县城 173° 方向、直距 34km 的金平县老集寨乡和元阳县黄草岭乡接壤部位的马撒斯-堕谷一带，老集寨铅锌多金属矿区南侧，地理坐标：东经 $102°44'00'' \sim 102°50'20''$，北纬 $22°49'00'' \sim 22°55'00''$，行政区划属金平县老集寨和元阳黄草岭所辖。区内地形为高中山地形，总体中部高、南北低，水系属老猛河流域，沟谷切割较深，沟谷均为 "V" 字形，地形陡峻，最高山为马撒斯后山海拔高度 1789.2m，最低为矿区东部的老猛河标高 460m，相对高度达 1329.2m，区内小溪汇集到老猛河后进入越南，越南段称为沱江（黑水）河。

矿区内金矿体均产于上三叠统高山寨组（T_3g）地层中，矿体主要沿马撒斯-茶厂-洛铁山韧性剪切带展布，走向为北西向，与围岩无明显界线，矿体形态以似层状、透镜状为主，规模从十几米到几百米长，厚几米，Au 平均品位 $0.55 \sim 1.63g/t$。本矿床赋矿围岩为上三叠统高山寨组第五段第二亚段（T_3g^{5-2}）蚀变板岩。已有的研究（云南有色地质勘查局滇中院，2006）表明，矿床中金可能呈微细浸染状产于黏土矿物中，但矿化不均匀，矿石类型均为氧化型矿石，工程中未出现硫化矿石。

Ⅰ号金矿体是矿区内的主要金矿体之一，矿体分布于茶厂一带，金矿体产于上三叠统高山寨组（T_3g^{5-2}）蚀变板岩、粉砂岩中，矿体形态呈似层状，在地表及往浅部均具收缩膨胀现象，矿体形态总体变化程度简单，其产状总体与岩层产状一致，走向北西，倾向210°～260°，倾角50°～65°，个别地段变为45°。已控制矿体长428m，控制倾向斜深22～78m，矿体最低控制标高为1364.35m，地表出露标高在1370～1422m之间。矿体厚度0.63～16.67m（平均厚度3.69m），厚度变化系数为440.77%，属厚度不稳定矿体（>130%）。矿体单工程平均品位Au 0.31～0.89g/t，单样品位最高达Au 3.40g/t，矿体平均品位0.61g/t，其变化系数为50.91%，有用组分分布均匀程度属均匀（<100%）。矿化带内岩石较破碎，片理化现象较强，石英岩透镜体呈带状分布。该矿体无断层错动，煌斑岩脉体平行矿体产出，未发现有穿插矿体的现象，可见构造、脉岩对矿体的影响程度小。根据PD701、S53PD-1坑道及ZK801、ZK1201孔的揭露情况，推断氧化深度达160余米，因此目前控制的矿石均为氧化矿石。经初步估算资源量（332+333）为199.28kg（云南有色地质勘查局滇中院，2006）。Ⅱ号金矿体位于Ⅰ号金矿体北东方向14m处，与Ⅰ号金矿体平行产出，是矿区内的主要矿体之一，该矿体产于上三叠统高山寨组（T_3g^{5-2}）蚀变板岩、粉砂岩中，呈似层状产出，在地表及往浅部均具收缩膨胀现象，矿体形态总体变化程度较简单，其产状总体与岩层产状一致，走向北西，倾向210°～260°，倾角50°～75°，个别地段变为40°～45°，目前，控制矿体长413m，控制倾向斜深20～65m，矿体最低控制标高为1364.35m，地表出露标高为1364～1421m，厚度0.64～9.14m（平均厚度2.57m），厚度变化系数为250.00%，其厚度稳定程度属不稳定（>130%）。矿体单工程平均品位Au 0.32～3.15g/t，单样品位最高达Au 7.41g/t，平均品位0.85g/t，品位变化系数为101.49%，有用组分分布均匀程度属不均匀（>100%）。矿化带内岩石较破碎，片理化现象较强，石英岩透镜体呈带状分布，宏观上矿化带为一韧性剪切带，矿体无断层错动，煌斑岩脉体平行矿体产出，未发现有穿插矿体的现象，构造对矿体的影响较小，根据PD701、S53PD-1坑道及ZK801、ZK1201孔的揭露情况，推断氧化深度达160余米，目前控制的矿石均为氧化矿石，经初步估算资源量（332+333）为141.23kg（云南有色地质勘查局滇中院，2006）。Ⅲ号金矿体位于茶厂地段咪喷嘞一带，矿体产于上三叠统高山寨组（T_3g^{5-2}）蚀变板岩、粉砂岩中，呈透镜状产出，往浅部具尖灭再现并分枝现象，矿体形态总体变化程度中等，其产状总体与岩层产状一致，走向近东西，倾向42°～338°，倾角12°～25°，控制矿体长62～135m，最大埋深25m，矿体最低控制标高为1290m，地表出露标高为1330m，厚度1.13～7.66m（平均厚度3.74m），变化系数为 263.62%，属厚度不稳定矿体（＞130%）。在走向上矿体厚度呈中间大两头小的变化，在倾向上矿体厚度略有变薄的趋势。矿体单工程平均品位 Au 0.41~0.71g/t，单样品位最高 2.42g/t，矿体平均品位 0.55g/t，品位变化系数为 41.89%，有用组分分布均匀程度属均匀（＜100%）。矿化带内岩石较破碎，片理化现象较强，宏观上矿化带为一韧性剪切带，该矿体西端被北西向断层 F_7 所截，煌斑岩脉体平行矿体产出，在 TC2101 探槽中发现有煌斑岩脉体穿插矿体的现象，但对矿体的影响较小，根据 ZK2601、ZK2601、ZK2603 孔的揭露情况，推断氧化深度为 100m，因此该矿体为氧化矿石。经初步估算资源量（332 + 333）为 25.72kg（云南有色地质勘查局滇中院，2006）。

目前该矿床所控制的金矿石均属氧化金矿石，按矿物组合划分可分为黄（褐）铁矿-绢云母-石英型和绢云母-石英型。初步的研究表明，该区金矿床的形成经历了长期复杂的地质演化过程，大致可分为四个阶段，即矿源层形成阶段→岩浆热液初始富集阶段→构造变质热液富集阶段→氧化次生富集阶段，其成矿作用具有多期次、多成因的特点，矿床成因属于沉积→热液改造型金多金属矿床（云南有色地质勘查局滇中院，2006），金矿化主要与硅化、绢云母化、黄（褐）铁矿化、黄铁绢英岩化关系密切，其找矿标志包括：（1）地层标志，上三叠统高山寨组（T_3g）是有利的含金层位；（2）岩性标志，碎屑岩夹火山岩沉积建造的岩性组合，特别是活性较大的碳酸盐岩内及其旁侧对金矿化最为有利；（3）构造标志，在大地构造单元的过渡带或边部是矿化的集中区，区域性北西向断裂构造的旁侧次级断裂构造带上，特别是脆韧性剪切带中的低序次构造是金矿体的有利赋存部位；（4）岩浆活动标志，在印支期酸性次火山岩相（花岗斑岩、石英斑岩）的活动，为成矿提供了部分热液来源，在其侵入的上部水平距离 300~500m 范围内是有利的成矿部位，如老集寨金矿、高寨（金竹寨）金矿点，火山喷发活动为金的成矿带来了原始物质组分及部分热液，如玄武岩、安山岩、流纹（斑）岩等；（5）蚀变标志，金矿化主要与硅化、绢云母化、黄（褐）铁矿化和黄铁绢英岩化密切相关，在多种蚀变叠加部位矿化较为集中；（6）地球化学标志，在各种化探测量中所圈出的 Au-Sb-As-Hg-Cu 组合异常区域是有利的找矿靶区，其中在较大比例尺（≥1∶10000）的化探测量中所圈出的 Au-As-Cu 异常中央浓度分带明显，峰值较高的部位往往是金铜矿体的所在，是找金铜的直接标志；（7）其他矿化标志，在铜、锑及铅锌矿点附近是直接找金的标志。

3.8　哈播斑岩型铜钼（金）矿床

该矿床位于哈播岩体南端三道班北面哈播南山花岗岩（EH 单元）附近，尽管无法进行现场考察采样，但该矿床是目前研究区内唯一发现的斑岩型矿床，因此有必要介绍其产出地质特征。

3.8.1 地层

矿床内出露地层单一，从老到新有古生界马邓岩群外麦地岩组（Pzw）和志留系漫波组（$S_{2-3}m$）。其中，外麦地组的岩性组合为浅灰-灰黄色变质砂岩、石英千枚岩、绢云石英千枚岩、绢云千枚岩夹灰色变质硅质岩、结晶灰岩、灰黑色碳质板岩岩性组合，分布于矿区东部和西北部，呈北西向带状展布，其分布形态受北西向断裂控制，该地层与矿区中部化岗岩体为侵入接触关系，与南西侧漫波组地层为断层接触关系。漫波组岩性为灰色变质砂岩、变质长石石英砂岩、变质粉砂岩、深灰色绢云板岩、粉沙质板岩夹少量深灰色结晶灰岩，分布于矿区东部和东南部，呈北西向带状延伸，与北东侧花岗岩体为侵入接触关系，与北东侧外麦地岩组呈断层接触。

3.8.2 构造

矿区构造以断层为主，矿区中部有 NW 向欧梅区域大断裂穿过，该断裂导致了矿区中部花岗岩岩体的侵入，并被正长岩体所冲断，区内次级断裂构造发育，具多期次特征，分为北西向和北东向两组，北西向断裂形成早，大部分倾向北东，多数倾角 50°~75°，并被北东向断裂切割。北东向断裂形成晚，大部分破碎带倾向北西，倾角较陡，多数倾角大于 50°。前人（祝向平，2010）在进行地表填图时，通过对构造点、岩脉分布的观察，结合钻探、坑道工程揭露并考虑地形因素，在南区填绘出 3 条具一定规模的、与成矿关系密切的断层破碎带：F_1、F_2、F_3，厘定了斑岩型矿床控矿构造框架。

其中，F_1 破碎带位于矿区南西侧，破碎带倾向北北东，走向 290°，倾角 50°~65°，宽 20~40m，沿破碎带及其两侧分布较多的黑云母石英二长斑岩、石英二长斑岩、斜长细晶岩脉。该破碎带形成时间最早，并控制了矿区中部南侧黑云母石英二长斑岩株（BQMP）的侵入。该斑岩株形成时间最早，具一定的规模，热液活动强烈，所经历的构造改造最多，节理裂隙最发育，成为斑岩型矿化蚀变带的钾化核心，网脉状石英脉、石英+硫化物脉、磁铁矿脉非常发育。破碎带及其两侧岩石矿化蚀变普遍，蚀变有绿泥石化、绢云母化、硅化、黑云母化、高岭土化、碳酸盐化，矿化有黄铁矿化、黄铜矿化、辉钼矿化、褐铁矿化、金矿化、铅锌矿化。F_1 断层被 F_2 和 F_3 断层切割。F_2 破碎带位于矿区北西侧，破碎带倾向 310°~340°，走向北东，倾角 70°~75°，宽 50~70m，沿破碎带发育多条二长斑岩、煌斑岩脉、细晶岩脉和热液角砾岩筒。根据区域断裂活动特征，该破碎带形成时间最晚，规模最大，控制了 MP 斑岩株的侵入，也控制了较晚的热液角砾岩筒的产状、形态、规模。破碎带中节理裂隙发育，矿化、蚀变普遍，蚀变有绿泥石化、绢云母化、硅化、黑云母化、高岭土化，矿化以细脉浸染状黄铁矿化、辉钼矿化为主，黄铜矿化、褐铁矿化、金矿化次之，偶见铅锌矿化，其赋矿岩石以石英正长岩为主，斑岩次之。F_3 破碎带位于矿区南西侧，破碎带向南倾斜，近东西走向，倾角 70°，宽 5~15m，沿破碎带产出较多斜长细晶岩脉，破碎带中矿化蚀变普遍，蚀变有绿泥石化、绢云母化、硅化、黑云母化、高岭土化、碳酸盐化，矿化包括黄铁矿化、黄铜矿化、褐铁矿化和金矿化等。

上述多期次断层活动及伴随发育的节理和裂隙，为含矿岩浆热液的运移、储存、沉淀提供了有利的空间，对成矿十分有利。

3.8.3　岩浆岩

哈播花岗岩体呈不规则状近南北向出露，分布于绿春三道班、元阳哈播南山一带，出露面积约 12km^2，主要由四期花岗岩组成，各期次花岗岩之间为脉动侵入接触关系。按侵位时间先后关系依次为：坪山花岗岩（EP）、三道班花岗岩（ES）、阿树花岗岩（EA）、哈播南山花岗岩（EH）。该岩体各期次岩石化学特征显示出同源岩浆连续演化的变化规律，不同期次花岗岩可能为一次构造热事件或同源岩浆脉动上侵的结果（云南省地质矿产勘查开发局，2000）。此外，地质勘探结果表明，矿区存在晚期黑云母石英二长斑岩（BQMP）、石英二长斑岩（QMP）和二长斑岩（MP），这些岩体均侵入到哈播南山花岗岩中，最晚期的闪长玢岩（DP）、斜长细晶、煌斑岩呈岩脉穿插在早期斑岩和花岗岩中。

3.8.4　蚀变与矿化

本矿床具有与世界典型斑岩铜矿（Lowell and Guilbert，1970；Gustafson and Hunt，1975；Sillitoe，2000；Seedorff et al.，2005）相似的蚀变和矿化特征，经历了早期的钾硅酸盐蚀变，青磐岩化局部偶见，随后的长石分解蚀变（绢英岩化和泥化）叠加了早期的钾硅酸盐蚀变。相关各种蚀变特征及其蚀变矿物组合分述如下。

3.8.4.1　钾硅酸盐蚀变

哈播矿床中钾硅酸盐蚀变为最早阶段岩浆-热液蚀变，主要可分为钾长石化和黑云母化，钾长石化表现为次生钾长石交代原生钾长石、斜长石斑晶，表现为钾长石斑晶加大再生长，钾长石（±石英）脉等形式；黑云母化主要表现为次生黑云母交代角闪石、黑云母斑晶和发育黑云母（±石英）脉。其中，强钾硅酸盐蚀变发育在哈播矿床中部，在 BQMP 斑岩中和围绕 BQMP 斑岩产出，为哈播矿床的蚀变中心，发育强钾长石化和强黑云母化；由此蚀变中心向外，发育中等钾硅酸盐蚀变，表现为弱至中等钾长石化和中等黑云母化；黑云母化广泛发育，远离蚀变中心主要为弱黑云母化。

其中，强钾硅酸盐蚀变伴生少量磁铁矿脉（M 脉）、磁铁矿+石英脉（A 脉）、石英+钾长石脉（A 脉）和大量石英网脉（A 脉被 B 脉和 D 脉叠加），该类蚀变分布范围较小，主要产于矿床中部的 BQMP 斑岩、QMP 斑岩岩株中和与其临近的 EH 花岗岩中，在矿床南部 QMP 斑岩岩脉中局部发育。大量石英±磁铁矿脉、石英±钾长石脉、石英±黑云母脉和石英网脉的发育表明流体温度高、活动强烈，应为哈播矿床矿化中心；中等钾硅酸盐蚀变环绕强硅酸盐蚀变发育，伴生稀疏发育的石英脉（A 脉）、石英+黑云母脉（A 脉）、石英+黄铜矿±黄铁矿细脉（A 脉）；弱至中等钾硅酸盐蚀变多伴有浸染状磁铁矿、黄铜矿、黄铁矿和少量的辉钼矿矿化发育，蚀变岩石结构受蚀变影响较弱，多能分辨其原岩；弱钾硅酸盐蚀变发育范围较广，远离蚀变中心至弱绢英岩化蚀变带边部仍局部可见。

3.8.4.2 长石分解蚀变

长石分解蚀变包括绢云母化和泥化，蚀变矿物组合为绢云母、石英、绿泥石，主要表现为斜长石、黑云母、钾长石绢云母化和钾长石黏土化。该矿床中长石分解蚀变发育广泛，强长石分解蚀变以发育强绢云母化、绿泥石化，并伴生石英+辉钼矿脉、石英+绢云母+黄铁矿±黄铜矿±辉钼矿脉（QSP 脉）和黄铁矿±黄铜矿±辉钼矿（D 脉）为特征，叠加了钾硅酸盐蚀变带，并环绕钾硅酸盐蚀变带向远离蚀变中心侧发育。QSP 脉和 D 脉均切穿钾硅酸盐蚀变共生的石英脉，长石分解蚀变阶段也共生部分石英脉，延伸性较好，其阴极发光图像与钾硅酸盐蚀变阶段产出的石英脉显著不同。强长石分解蚀变带内出露的斑岩多被漂白，岩石硬度变小，出露的斑岩多为 MP 斑岩，斑岩内广泛见有黄铁矿±黄铜矿±辉钼矿（D脉）产出，MP 斑岩及与其接触的 EH 花岗岩内均发生强烈的长石分解蚀变，且较富 Mo 矿化均分布于 MP 斑岩与 EH 花岗岩接触带内，因此可断定长石分解蚀变发育于 MP 斑岩侵位后，MP 斑岩是哈播矿床 Mo 的成矿斑岩。弱长石分解蚀变主要为斜长石绢云母化、绿泥石化，暗色矿物绿泥石化使其内部结构部分破坏，并多伴生绢云母和黄铁矿。弱长石分解蚀变主要发育在远离蚀变中心的矿床远端，多产出于 EH 花岗岩中，范围较广，对原岩破坏较小。

3.8.4.3 蚀变与矿化的关系及特征

哈播矿床的矿石可粗略划分为氧化矿石和硫化矿石两类，其中，氧化矿主要分布于地表及近地表，矿石矿物以孔雀石为主，次为蓝铜矿，呈网脉状、薄膜状、皮壳状、浸染状分布于岩石表面或充填于岩石裂隙中；硫化矿是该矿床主要的矿石类型，矿石矿物主要有黄铜矿、黄铁矿，次为辉钼矿、斑铜矿、方铅矿、闪锌矿等。

　　矿床中原生硫化物矿石中矿石矿物以石英+硫化物脉、硫化物脉和浸染状硫化物矿化产出，硫化物主要为黄铜矿、辉钼矿和少量的黄铁矿、辉铜矿、斑铜矿、方铅矿、闪锌矿等，品位较高矿石以细脉状构造为主，矿化较弱部位以浸染状构造矿石为主。研究表明，不同热液蚀变阶段产出不同的 Cu-Fe 矿物组合，强钾硅酸盐蚀变伴生石英网脉阶段发育较多磁铁矿和少量黄铜矿，矿石品位较低。中等钾长石化和中等至强黑云母化阶段伴生强绿泥石化与磁铁矿-黄铜矿-黄铁矿（少量斑铜矿）矿化共生，黄铜矿多以石英+黄铜矿脉产出，少量沿石英脉以浸染状黄铜矿颗粒与黄铁矿、磁铁矿共同产出，黄铁矿相对含量较低，黄铁矿/黄铜矿=0.5~1，辉钼矿含量也较少。钾长石化较弱蚀变区域内辉钼矿含量相对较高，多以石英+辉钼矿脉产出，少量以浸染状细粒辉钼矿发育，本蚀变带内矿石 Cu 品位较高且规模很大，Au 品位与 Cu 品位呈正相关关系，是哈播矿床铜矿石 Cu 和 Au 的主矿体，多产出于 BQMP 斑岩和 QMP 斑岩中及其与 EH 花岗岩接触带中，环绕矿体蚀变中心沿导矿断层发育。由此也可断定，BQMP 斑岩和 QMP 斑岩是哈播矿床铜和金的成矿母岩。此外，早期发育的石英+黄铜矿±黄铁矿脉中黄铜矿呈浸染状在脉中不规则分布，切穿强钾长石化早期发育的石英网脉，与伴随钾长石化发育的脉相比，石英+黄铜矿±黄铁矿脉较宽、延续性较好。在钾硅酸盐蚀变带中均可见浸染状黄铜矿产出，多为蚀变的角闪石、黑云母中析出，其中黑云母化较强至中等部位浸染状黄铜矿发育较多。含铜脉具 A 脉形态，可能与高温热液蚀变相关。已有的研究（祝向平，2010）表明，强长石分解伴生强绿泥石化阶段，是哈播矿床钼的成矿阶段，该阶段有较多石英+辉钼矿脉产出，仅有少量以浸染状产出，石英+辉钼矿±黄铜矿±黄铁矿脉切穿石英+黄铜矿脉和伴随钾长石化发育的所有脉，辉钼矿呈浸染状多沿脉壁和中心分布，少量呈浸染状在脉中不规则分布。脉比较平直，较石英+黄铜矿脉宽度大，延续性更好。浸染状辉钼矿主要发育在弱至中等钾长石化蚀变带内。含辉钼矿脉具 B 脉形态，产生于高温热液蚀变向低温热液蚀变过渡，并有大量的黄铁矿和少量黄铜矿发育，黄铁矿/黄铜矿>2~5，多以石英+绢云母+黄铁矿+黄铜矿产出，少量以浸染状黄铜矿黄铁矿组合产出，并伴生绿泥石化多出现在黑云母、角闪石蚀变残余颗粒内，较强的辉钼矿、黄铜矿、黄铁矿矿化发育于 MP 斑岩与 EH 花岗岩接触带内，沿导矿断裂带产出，沿断裂带向两侧矿物有明显逐步较弱的趋势。由此也可断定长石分解蚀变发育于 MP 斑岩侵位后，MP 斑岩是哈播矿床 Mo 的成矿母岩；弱至中等长石分解蚀变伴生较多黄铁矿±黄铜矿（D 脉）和浸染状黄铁矿，少量浸染状黄铜矿、辉钼矿，Cu 和 Mo 品位均较低，不属于哈播矿床矿体，随长石分解蚀变强度减弱，辉钼矿、黄铜矿矿化逐步消失，QSP 脉多以石英+绢云母脉产出，黄铁矿矿化多以浸染状在黑云母、角闪石交代残中伴生绿泥石发育；最晚期斑岩 DP 中可见 QSP 脉和方解石+白云石脉发育，零星见有辉钼矿、黄铜矿矿化以浸染状产于 QSP 脉中，在矿床中总体较少见，不足以形成矿石。

硫化物矿化与围岩蚀变相似，具有分带的特征。以强钾硅酸盐蚀变和石英网脉发育的矿床蚀变中心总体矿化较弱；环绕此蚀变中心为中等钾硅酸盐蚀变，较强的 Cu 矿化在该蚀变带内发育；逐步向外到弱钾硅酸盐蚀变带内，经受强长石分解蚀变叠加，Cu 矿化减弱而 Mo 矿化增强，钼矿体主要分布在该区域；逐步向远端至中等至弱长石分解蚀变带，矿化以黄铁矿为主，Cu 和 Mo 矿化明显减弱，不足以形成有经济价值的矿体。

本矿床中氧化矿石作为风化、淋滤盖层覆盖在原生矿化上层，矿石矿物以孔雀石为主，次为蓝铜矿，呈网脉状、薄膜状、皮壳状、浸染状分布于岩石或充填于岩石裂隙中，在哈播矿床中主要在南部 QMP 斑岩株产出部位产出，地表风化层部分样品铜品位可高于 1%，氧化矿石矿体钻孔揭露厚度可超过 70m，该类矿石在矿床中部环绕蚀变中心发育广泛，地表富含孔雀石基岩铜品位可达 0.3%～0.5%，氧化矿化层与原生矿化关系密切，原生矿化较强部位常发育较强的氧化矿化。

3.8.5 成矿流体特征

矿床各种脉的演化序列为早期石英脉→石英-黄铜矿脉→石英-辉钼矿脉，流体包裹体的岩相学、显微测温和激光拉曼光谱分析等研究结果（祝向平等，2012）表明，各期脉中均有富气相包裹体、富液相包裹体和含子矿物多相包裹体，各种包裹体的气相均含有 CO_2、SO_2、H_2O 等气体。各期脉中多种包裹体并存并具有相似的均一温度范围，富液相包裹体均一温度为 149～427℃，盐度 $w(NaCl_{eq}) = 6.0\%～15.0\%$；富气相包裹体均一温度为 205～405℃，盐度 $w(NaCl_{eq}) = 3.4\%～19.0\%$；含子矿物多相包裹体均一温度为 305～516℃，盐度 $w(NaCl_{eq}) = 33.5\%～61.0\%$。矿床的初始成矿流体由稳定共存、不混溶的低盐度流体和高盐度流体组成，高盐度流体是哈播矿床成矿元素迁移的主要载体。成矿流体在 400℃左右发生"二次沸腾"、分相，温度下降和挥发分持续逃逸可能是 Cu-Au 成矿的诱因，Mo 元素在成矿流体多次沸腾、分相过程中，持续优先分配进入高盐度流体中而逐步富集，温度下降，使含钼硫化物在流体中溶解度降低、沉淀，形成石英-辉钼矿±黄铜矿脉。

3.8.6 成矿机理

本矿床辉钼矿 Re-Os 同位素年龄测试结果表明其形成于喜山期（35.47Ma±0.16Ma），略晚于哈播南山单元花岗岩（EH），其成矿机理被总结如下（祝向平，2010）：

伴随印度与欧亚大陆碰撞体制的改变，沿扬子板块与印支板块边界的哀牢山-红河断裂发生了新生代强烈挤压走滑运动，其切割深度可能深达岩石圈地幔，大规模走滑断裂体系诱发岩石圈地幔发生部分熔融（Zhang et al.，1999），形成组分复杂的玄武质岩浆。玄武质岩浆上侵，随热量和地幔物质的不断加入，古老的下地壳发生部分熔融，这些岩浆沿哀牢山-红河断裂体系上涌，在地壳一定深度聚集，形成岩浆房，岩浆在岩浆房内聚集并发生分异，分异出中酸性岩浆，由于中酸性岩浆浮力较小，并受压力梯度控制，分异的岩浆沿哀牢山-红河断裂体系的一个分支断裂——欧梅断裂向更浅部位多次脉动侵入。

　　岩浆房中岩浆上侵、结晶过程均能发生"一次沸腾"，成矿流体由岩浆中出溶；岩浆上侵过程与岩浆房保持较好畅通性，使得岩浆房分异出的流体能持续加入出溶的成矿流体，形成哈播矿床初始成矿流体。哈播矿床初始成矿流体伴随BQMP、QMP 和 MP 斑岩侵位过程运移，初始流体在运移到较浅部位时，由于压力降低发生较弱的"二次沸腾"，流体发生分相，产出富气相流体和高盐度流体，形成了 BQMP 斑岩中的石英网脉，含有大量的 VL 和 LVH 包裹体，并伴随有早期磁铁矿的沉淀。流体中的 Cu 主要以 Cl^- 的络合物形式搬运（Cline and Bodnar，1991），在发生分相时主要分配到气相中；S 则主要以 SO_4^{2-} 和 SO_2 形式存在。磁铁矿的沉淀能降低流体的氧化态，有利于 Cu 元素以 Cu 的硫化物形式存在。在温度降至约 400℃ 时，由于温度、压力降低流体发生强烈的"二次沸腾"，部分挥发分逃逸，并伴有在此温度区间内富气相流体中石英溶解度相对降低，Cu-Fe 硫化物的溶解度降低而发生沉淀，形成富铜矿石。Au 元素伴随 Cu-Fe 元素沉淀，与 Cu 元素品位呈正相关关系。Mo 元素在流体"二次沸腾"时主要分配到高盐度流体中，并在温度和压力梯度驱动下继续运移，因温度继续下降，高盐度流体中的 Mo 元素溶解度下降，沉淀成矿，Mo 的矿体常分布于铜矿体的外围。流体演化到较晚阶段，发生岩浆流体与部分天水混合，温度骤降，硫化物快速沉淀形成 D 脉，该阶段的水岩反应使得围岩产出以绢云母化为主的绢英岩化蚀变。

　　哈播矿床中 MP 斑岩因侵位较浅，MP 斑岩携带的流体发生分异后，因压力较小迅速发生"二次沸腾"，主要在 MP 斑岩的外接触带，沿导矿短程发生 Mo、Cu、Fe 元素硫化物的快速沉淀，形成哈播矿床主要的 Mo 矿体，伴有较弱的钾长石化和强烈的长石分解蚀变。根据哈播矿床野外地质填图和矿床特征的研究，结合岩浆演化研究和流体包裹体研究的结果，初步提出哈播矿床成因模型（图3-14）。成矿前，BQMP 斑岩侵位于 EH 花岗岩中，伴有流体的出溶/运移，形成早期不含矿石英；Cu 成矿期略晚于或近于 QMP 斑岩侵位同期，热液出溶、运移形成围绕早期无矿石英网脉带发育的以石英+黄铜矿脉为主的 Cu 矿体；Mo 主矿体成矿伴随 MP 斑岩侵位，多为 MP 斑岩内流体出溶成矿，环绕 MP 斑岩发育。

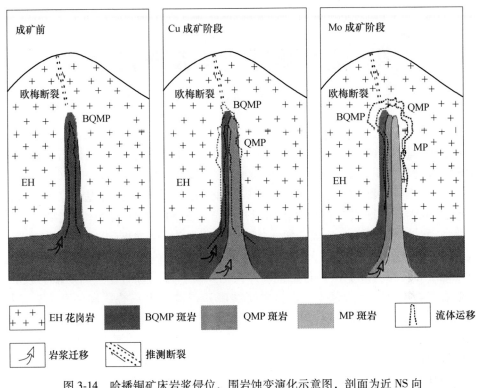

图 3-14 哈播铜矿床岩浆侵位、围岩蚀变演化示意图，剖面为近 NS 向

（据祝向平，2010）

4 岩体地球化学及年代学

前人初步研究表明，研究区曾经历了华力西期、印支期、燕山期、喜山期等4期岩浆热事件。其中，华力西期表现为基性岩浆侵入与喷溢，喷出岩岩石类型主要有片理化变质杏仁状玄武岩、变质橄榄玄武岩和变质基性火山岩（马邓岩群中）、火山角砾状细碧岩、细碧岩、凝灰岩等，侵入岩有基性-超基性席状岩墙群（变质辉长岩、辉绿岩、钠长绿帘绿泥片岩、二云钠长片岩等）；印支期表现为中酸性-酸性岩浆活动，喷溢、侵入均有，喷出岩岩石类型有火山碎屑岩（上兰组中）、中酸性火山岩（攀天阁组中），侵入岩呈岩株、岩床、岩墙侵位于上三叠统地层和马邓岩群中，岩石类型有钾长花岗岩、花岗斑岩；燕山期活动较弱，主要表现为零星基性岩浆侵入，呈岩筒（墙）侵位于上三叠统和中至上志留统地层中，岩石类型主要有橄榄辉长岩、辉长岩及相伴产出的角砾状煌斑岩；喜山期活动较强但分布局限，主要表现为碱性岩和具成生联系的细晶岩脉、石英正长岩脉等的侵入，其中哈播主岩体（出露面积 26.2km^2）具多期脉动侵入特征，划分为由坪山单元（EP）、三道班单元（ES）、阿树单元（EA）、哈播南山单元（EH）等4个单元组成的哈播超单元。与哈播超单元具成生联系的浅成碱-酸性侵入脉岩的岩脉类型主要有石英正长斑岩脉、霓石正长斑岩、正长细晶岩脉、石英斜长细晶岩脉和花岗细晶岩脉等。

新生代以来，哀牢山-红河走滑断裂带经历的多期左形走滑诱发了带内多个富碱斑岩体的侵位，这些富碱斑岩体多呈岩株、岩脉状产出，岩体多成群产出，沿哀牢山-红河走滑断裂带两侧分布，富碱斑岩体的侵位多受控于哀牢山-红河走滑断裂体系分支断裂。富碱斑岩岩性以花岗斑岩、石英二长斑岩、石英正长斑岩为主，较多斑岩体与成矿关系密切，备受众多地质工作者关注。按其空间分布，目前发现的与成矿关系密切的斑岩群（体）由北向南依次有：北衙正长斑岩群、马厂箐石英二长斑岩-花岗斑岩群、姚安正长斑岩群、巍山石英二长斑岩群、哈播石英二长斑岩侵入体、铜厂石英正长斑岩侵入体。本次工作系统研究了哈播富碱侵入岩体所有地质单元岩石学特征，岩石主、微量元素，重点对所有岩石单元进行了成岩年代学研究，并和区域上与成矿密切相关的玉龙岩体、北衙岩体、姚安岩体等进行对比，探讨哈播富碱侵入岩体的形成、演化机制及构造环境。

4.1 岩体岩石学特征

哈播富碱侵入岩体呈近南北向侵位于欧梅断裂带上，与古生界马邓岩群、志留系和中生界上三叠统呈侵入接触关系，由早到晚可依次划分为坪山单元（EP）、三道班单元（ES）、阿树单元（EA）和哈播南山单元（EH）等四期侵入体，各期侵入体之间为侵入或脉动接触关系（图2-2）：（1）坪山单元主要分布在哈播岩体的西侧，受后期侵入体侵蚀，仅见局部残余。岩石岩性为细粒辉石角闪正长岩（图版），呈灰白色，半自形-他形粒状结构，块状构造，矿物成分有正长石、斜长石、普通角闪石、辉石和少量黑云母，岩石具弱蚀变，有碎裂岩化现象。（2）三道班单元零星分布在三道班一带，呈环状围绕阿树单元分布，岩石为定向流动状石英黑云角闪碱长正长岩（图版），呈灰、浅肉红色，具半自形-他形镶嵌粒状结构，块状构造，矿物成分主要有钾长石、普通角闪石和黑云母，副矿物有磁铁矿、褐铁矿、自然铜、磷灰石、锆石、榍石等，钾长石定向排列，构成清晰的流动构造（云南省地质矿产开发局，2001）。（3）阿树单元是哈播岩体中出露面积最大的侵入体，与围岩接触带普遍发育黑云长英质角岩化，岩石类型为中粗粒石英角闪碱长正长岩（参见附录：图版），主要矿物成分有钾长石、角闪石、黑云母和石英，副矿物有榍石、磷灰石、磁铁矿和少量褐铁矿、钛铁矿、自然铜、电气石等（云南省地质矿产开发局，2001）。（4）哈播南山单元呈纺锤状出露于阿树单元核部，与阿树单元呈脉动接触，其内可见大量呈岩墙状石英正长斑岩脉侵入，岩石类型为中粒石英正长岩。主要矿物成分有钾长石、斜长石、石英、角闪石和黑云母等，副矿物有磷灰石、锆石、榍石、磁铁矿等（云南省地质矿产开发局，2001）。

4.2 岩体元素地球化学特征

4.2.1 主量元素特征

主量元素分析（表4-1）表明：

（1）坪山单元 SiO_2 含量在 58.1%～63.9% 之间，Al_2O_3 含量为 12.0%～14.3%，$Fe_2O_3^T$ 含量为 5.0%～9.3%，MgO 含量为 2.9%～5.2%，K_2O 含量为 5.8%～7.4%，Na_2O 含量为 1.5%～2.7%，Na_2O+K_2O 含量为 8.1%～9.0%，K_2O/Na_2O 比值为 2.3～4.3，Na_2O+K_2O 含量小于 Al_2O_3 含量，铝饱和指数（ASI）在 0.7～0.9 间变化，在 SiO_2-K_2O 图解上属于钾玄岩系列（图4-1a），在侵入岩分类图解上位于正长岩区域（图4-1b），在标准矿物 Q-ANOR 分类图解上（图4-1c）位于石英正长岩区域。

（2）三道班单元 SiO_2 含量在 59.8%～60.7% 之间，Al_2O_3 含量为 13.6%～13.8%，$Fe_2O_3^T$ 含量为 9.6%～9.8%，K_2O/Na_2O 比值为 1.8～1.9，Na_2O+K_2O 含量小于 Al_2O_3 含量，铝饱和指数（ASI）在 0.67～0.69 间变化，与坪山单元比，三道班单元具略微高的 SiO_2、Al_2O_3、MgO、CaO、Na_2O 和 P_2O_5 含量，较低的 $Fe_2O_3^T$、TiO_2 和 K_2O 含量，在 SiO_2-K_2O 图解上属于钾玄岩系列（图4-1a），在侵入

表 4-1　哈播富碱侵入岩体各单元岩石主量元素（%）与微量元素（ppm）

| 岩石单元 | 坪山单元 (EP) | | | | | 三道班单元 (ES) | | | | | 阿树单元 (EA) | | | | 哈播南山单元 (EH) | | | | |
样品号	EP01	EP02	EP03	EP04	EP05	ES08	ES09	ES10	ES11	ES12	EA02	EA03	EA06	EA07	EH01	EH03	EH04	EH08	EH11
SiO$_2$	62.94	60.55	60.95	57.95	60.45	60.3	58.03	60.06	60	61.25	62.13	61.2	64.12	67.27	67.97	66.38	71.32	71.53	72.43
Al$_2$O$_3$	13	8.51	10.87	9.2	7.6	11.42	12.3	12.1	11.81	9.6	10.75	11.25	11.2	11.62	10.25	12.2	12.72	11.56	11.15
FeO	2.85	2.95	3.16	4.02	4.12	1.98	2.2	2.45	2.52	2.76	2.54	2.92	2.67	1.86	2.1	1.96	1.88	1.75	1.82
Fe$_2$O$_3$	2.22	4.88	3.53	5.9	5.36	3.22	3.25	3.02	3.08	3.19	2.57	2.41	2.1	0.94	1.54	1.48	0.57	1.06	1.05
CaO	2.96	4.49	3.81	4.91	4.65	4.6	4.43	4.5	4.64	4.4	3.28	3.56	2.03	1.87	1.46	1.38	1.82	1.68	1.5
MgO	2.78	4.06	3.65	4.96	4.45	4.65	5.02	4.71	4.82	4.49	3	3.2	2.26	1.58	1.23	1.1	1.15	1.28	1.04
K$_2$O	6.36	7.7	6.41	6.75	6.94	6.35	6.8	6.26	6.44	6.91	6.91	6.73	6.89	6.23	6.33	6.35	4.97	5.19	5.12
Na$_2$O	5.41	5.08	5.45	4.36	4.73	6.27	6.04	5.85	5.7	9.19	7.42	6.75	6.46	6.55	6.54	6.62	3.89	3.28	3.39
MnO	0.045	0.066	0.068	0.092	0.081	0.082	0.08	0.082	0.085	0.087	0.055	0.061	0.035	0.024	0.022	0.014	0.022	0.025	0.012
TiO$_2$	0.21	0.12	0.22	0.17	0.15	0.25	0.27	0.27	0.26	0.23	0.15	0.2	0.2	0.2	0.2	0.25	0.2	0.22	0.2
P$_2$O$_5$	0.078	0.13	0.11	0.1	0.1	0.07	0.056	0.065	0.056	0.062	0.12	0.08	0.076	0.1	0.069	0.072	0.062	0.056	0.065
烧失量	1.2	1.26	1.48	1.4	1.16	0.61	1.34	0.52	0.63	0.67	0.85	1.51	1.79	1.53	2.05	2.23	1.25	2.2	2.28
总计	100.05	99.8	99.71	99.81	99.79	99.8	99.82	99.89	100.04	102.84	99.78	99.87	99.83	99.77	99.76	100.04	99.85	99.83	100.06
Li	25.45	4.3	23.14	6.85	7.83	12.23	10.75	12.01	7.04	7.6	13.77	11.24	12.12	22.15	13.44	11.13	17.96	13	11.57
Be	40.93	15.05	28.12	15.68	15.18	9.57	9.8	7.68	7.55	11.31	18.29	19.16	16.05	11.72	12.82	16.55	14.81	14.56	14.81
Sc	115	14	13.8	16.6	15.7	12.4	12.5	13.1	13	12.9	12	11	9.87	7.34	6.62	6.41	6.49	6.87	6.28
V	134	132	119	170	161	98.6	105	96.1	104	95.8	78.7	86.9	70.3	42	42.1	38.5	39.4	39	36.1
Cr	254	216	187	319	283	244	266	247	263	265	131	159	98.26	62.68	47.72	41.71	37.58	43.95	39.35
Co	80.5	57.1	82.2	62.5	64.5	46.6	42.3	53.7	51.7	48.9	68.3	66.7	73.2	77.8	72.1	64.1	85.9	61	60
Ni	445	62	69.4	82.7	76	97.8	101	96.3	99.4	101	53.4	57.3	38	29.2	19.8	17.3	20.6	24.2	19
Cu	316	7.85	11.23	7.8	7.87	87.73	33.25	34.92	44.39	49.66	86.68	131.6	123.7	68.61	48.17	62.12	60.45	80.1	57.38
Zn	360	69.9	77.3	93.8	91.1	88.9	83.7	76.8	79.6	92.9	55.8	66.3	80.3	68.8	63.9	69.2	94.3	111	106

续表 4-1

岩石单元 样品号	坪山单元 (EP)					三道班单元 (ES)					阿树单元 (EA)				喀潘南山单元 (EH)				
	EP01	EP02	EP03	EP04	EP05	ES08	ES09	ES10	ES11	ES12	EA02	EA03	EA06	EA07	EH01	E-103	EH04	EH08	EH11
Ga	21.9	19.7	21.6	20.6	20.7	16.6	16.7	16.4	17	17.5	20	20.6	20.3	18.2	18.5	13.5	18.1	19.6	19.3
Ge	3.56	1.86	1.76	2.03	1.79	1.54	1.44	1.4	1.44	1.45	1.47	1.52	1.38	1.27	1.33	1.45	1.44	1.54	1.34
As	69.2	7.71	6.3	8.15	7.76	6.28	7.63	5.97	6.41	7.77	22.9	27.5	11.8	10.1	4.88	5.12	6.06	6.65	5.55
Rb	301	302	270	262	281	229	256	228	242	251	315	295	294	262	269	280	262	277	281
Sr	566	632	560	533	594	864	729	855	819	740	818	795	695	742	734	686	738	736	695
Zr	189	178	205	188	194	51.5	55.7	65.3	53.2	54.9	104	118	117	83.4	90.9	62.1	82.4	88.9	94.2
Nb	24.13	23.47	30.55	26.43	28.41	11.69	12.52	11.61	12.02	13.42	23.22	24.54	23.39	14.16	14.99	15.73	15.48	16.88	16.47
Mo	8.32	0.91	0.8	0.73	0.84	1.2	1.09	1.2	1.04	0.92	0.95	1.07	1.76	0.8	0.85	0.82	0.81	1.14	1.11
Ag	2.18	1.47	1.92	1.68	1.78	0.98	0.98	0.79	0.97	1.91	1.13	1.55	2.38	0.9	0.97	0.92	1.04	2.39	6.78
Cd	1.88	0.22	0.16	0.24	0.2	0.1	0.07	0.08	0.07	0.1	0.08	0.09	0.12	0.09	0.07	0.09	0.08	0.08	0.08
Sn	18.81	8.24	6.17	9.65	9.11	2.33	2.39	2.27	2.5	2.44	3.62	3.86	4.13	3.03	3.34	3.28	2.9	3.05	2.9
Sb	4.72	1.22	0.93	1.27	1.29	0.79	1.29	0.75	0.73	1.21	1.22	1.15	0.83	0.53	0.59	0.85	0.78	0.94	0.75
Cs	7.29	7.07	8.34	6.27	6.75	7.03	7.61	7.09	6.95	9.27	17.6	14.3	10.3	7.52	9.36	13.3	9.05	10.9	10.7
Ba	813	990	792	832	931	1370	1340	1340	1360	1280	1090	1080	1010	1050	1030	1300	989	1110	1010
Hf	4.98	4.86	5.95	5.17	5.31	1.77	1.93	2.16	1.92	1.99	3.25	3.58	3.55	2.69	2.68	2.22	2.49	2.74	3.08
Ta	2.93	1.65	2.67	1.84	1.95	0.82	0.89	0.78	0.82	0.97	1.69	1.77	2.08	1.5	1.43	1.55	1.51	1.7	1.51
W	1110	335	443	294	306	509	369	474	407	324	415	411	471	593	423	385	519	383	350
Tl	1.35	1.7	1.66	1.48	1.58	1.54	1.72	1.5	1.57	1.75	1.95	1.89	1.94	1.55	1.66	1.86	1.63	1.61	1.68
Pb	141	26.3	29.3	25.8	29.6	43.9	44.8	38.2	41.5	52.6	38.1	39.1	42.4	32.7	64.7	32.6	34	36.3	1.8
Bi	6.32	0.57	0.4	0.59	0.52	0.45	0.8	0.46	0.66	0.54	0.41	0.46	0.51	0.35	0.43	0.35	0.52	0.42	0.4
Th	55.1	71.4	74.5	69.5	74.8	16.5	18.5	17	16.4	21.1	59.3	35.6	42.1	31.8	31.8	31.8	31.5	35	33.8
U	12.6	14.9	17.7	19.2	19.1	4.61	5.38	5.59	5.36	7.2	13.4	18.2	10.7	9.57	5.88	6.82	6.27	12.1	13.8

岩分类图解上位于正长岩区域（图 4-1b），在标准矿物 Q-ANOR 分类图解（图 4-1c）上落入碱性正长岩和碱性石英正长岩区域之间。

（3）阿树单元 SiO_2 含量在 61.4% ~ 67.2% 之间，Al_2O_3 含量为 15.0% ~ 15.6%，$Fe_2O_3^T$ 含量为 4.1% ~ 4.9%，MgO 含量为 1.6% ~ 3.4%，K_2O 含量为 5.9% ~ 6.5%，Na_2O 含量为 3.5% ~ 3.7%，Na_2O+K_2O 含量为 9.5% ~ 10.3%，K_2O/Na_2O 比值为 1.6 ~ 1.8，Na_2O+K_2O 含量小于 Al_2O_3 含量，铝饱和指数（ASI）在 0.84 ~ 1.03 间变化，与前两个单元比，阿树单元具略微高的 SiO_2、Al_2O_3 和 Na_2O 含量，较低的 $Fe_2O_3^T$、TiO_2、CaO、MgO、MnO 和 P_2O_5 含量，在 SiO_2-K_2O 图解上属于钾玄岩系列（图 4-1a），在侵入岩分类图解上位于正长岩区域（图 4-1b）。

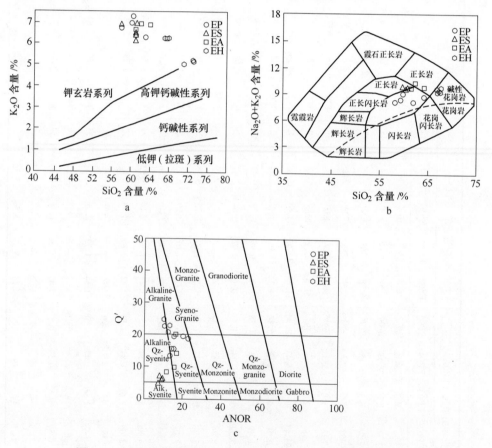

图 4-1　哈播富碱侵入岩 SiO_2-K_2O/SiO_2-Na_2O+K_2O/ANOR-Q'图解

（4）哈播南山单元 SiO_2 含量在 66.7% ~ 67.5% 之间，Al_2O_3 含量为 15.6% ~ 15.9%，$Fe_2O_3^T$ 含量为 2.6% ~ 2.8%，MgO 含量为 1.1% ~ 1.3%，K_2O 含量为

5.7% ~ 6.0%，Na_2O 含量为 3.4% ~ 4.0%，$Na_2O + K_2O$ 含量为 9.3% ~ 9.6%，K_2O/Na_2O 比值为 1.5 ~ 1.8，$Na_2O + K_2O$ 含量小于 Al_2O_3 含量，铝饱和指数（ASI）在 1.01 ~ 1.16 间变化，与前三个单元比，哈播南山单元具略微高的 SiO_2、Al_2O_3 和 Na_2O 含量，较低的 $Fe_2O_3^T$、MgO、CaO、TiO_2、MnO 和 P_2O_5 含量，在 SiO_2-K_2O 图解上属于钾玄岩系列（图 4-1a），在侵入岩分类图解上位于碱性花岗岩区域（图 4-1b），在标准矿物 Q-ANOR 分类图解（图 4-1c）上落入碱性花岗岩区域内。

4.2.2 微量及稀土元素特征

微量元素（表 4-1）及稀土元素（表 4-2）分析表明：

（1）坪山单元 Rb 含量为 323 ~ 369ppm，Sr 含量为 505 ~ 597ppm，Y 含量为 35 ~ 42ppm，其稀土总量 $\sum REE$ 在 203 ~ 256ppm 之间，轻稀土总量 LREE 为 177 ~ 229ppm，重稀土总量 HREE 为 25 ~ 28ppm，轻重稀土分异不明显（LR/HR = 7.1 ~ 8.5），在稀土配分图上表现为轻稀土富集的右倾形式（图 4-2a），$(La/Sm)_N$ 比为 3.0 ~ 3.9，$(La/Yb)_N$ 比为 7.2 ~ 10.0，δEu 为 0.63 ~ 0.72，以弱 Eu 负异常为特征；在微量元素蛛网图（图 4-2a1）上，坪山单元均富集大离子亲石元素 Rb、Th、U、K 等，亏损 Ba 以及 Nb、P、Ti 等高场强元素，未现 Ta、Zr、Hf 负异常。

（2）三道班单元 Rb 含量为 292 ~ 318ppm，Sr 含量为 710 ~ 862ppm，Y 含量为 25 ~ 27ppm，稀土总量 $\sum REE$ 在 185 ~ 203ppm 之间，LREE 为 166 ~ 184ppm，HREE 为 18 ~ 20ppm，LREE/HREE 比为 8.4 ~ 9.7，轻重稀土分异不明显，在稀土配分图上表现为轻稀土富集的右倾形式（图 4-2b），$(La/Sm)_N$ 比为 2.9 ~ 3.7，$(La/Yb)_N$ 比为 9.0 ~ 11.1，δEu 为 0.84 ~ 0.88，表现为弱的 Eu 负异常，与坪山单元相比，三道班单元的 Eu 负异常更弱；在微量元素蛛网图（图 4-2b1）上，三道班单元均富集大离子亲石元素 Rb、Th、U、K 等，亏损 Ba 以及 Nb、Ta、P、Ti 等高场强元素，未现 Zr、Hf 负异常，与坪山单元明显不同的是出现了 Ta 的负异常。

（3）阿树单元 Rb 含量为 311 ~ 381ppm，Sr 含量为 657 ~ 777ppm，Y 含量为 18 ~ 27ppm，稀土总量 $\sum REE$ 在 96 ~ 244ppm 之间，LREE 为 84 ~ 225ppm，HREE 为 12 ~ 20ppm，LREE/HREE 比为 6.8 ~ 11.8，轻重稀土分异不明显，在稀土配分图上表现为轻稀土富集的右倾形式（图 4-2c），$(La/Sm)_N$ 比为 3.1 ~ 5.0，$(La/Yb)_N$ 比为 6.9 ~ 14.9，δEu 为 0.79 ~ 0.84，表现为弱的 Eu 负异常；在微量元素蛛网图（图 4-2c1）上，阿树单元均富集大离子亲石元素 Rb、Th、U、K 等，亏损 Ba 以及 Nb、Ta、P、Ti 等高场强元素，未现 Zr、Hf 负异常。

表 4-2　哈播富碱侵入岩体各单元稀土元素及参数

(ppm)

岩石单元	坪山单元					三道班单元					阿树单元				哈播南山单元				
样品号	EP01	EP02	EP03	EP04	EP05	ES08	ES09	ES10	ES11	ES12	EA02	EA03	EA06	EA07	EH01	EH03	EH04	EH08	EH11
Y	31.9	33.8	31.5	34.3	37.7	22.1	22.5	22.3	23.3	22.2	23	23.7	17.1	18.2	16.8	20.2	29.4	19.1	16.7
La	39.8	41.1	42.4	43.9	43.8	36.1	38.1	36.3	38.4	39	46.8	47.8	42.4	32.9	32.5	36.8	32.3	37.2	35.4
Ce	80.7	78.6	82.6	84	86.5	70.6	74.1	71.4	74.9	75.3	83.7	85.2	76.5	57.7	61	68.1	61.5	70.3	63.5
Pr	9.93	9.6	9.71	10	10.6	8.1	8.5	8.38	8.63	8.5	9.3	9.66	8	6.45	6.37	7.26	6.57	7.92	6.81
Nd	38.8	38.7	37.5	39.7	42.2	32	33.6	33.3	34	33	34.5	35.6	29.1	24.3	23.4	26.5	24.2	30.6	24.3
Sm	7.98	7.82	7.48	7.92	8.61	6.14	6.54	6.36	6.49	6.42	5.98	6.4	4.84	4.38	4.26	4.8	4.35	5.73	4.32
Eu	1.44	1.69	1.42	1.63	1.82	1.6	1.61	1.69	1.69	1.53	1.47	1.52	1.21	1.01	0.99	1.11	1.03	1.22	0.96
Gd	6.39	6.94	6.7	7.56	8.16	5.78	5.84	5.82	5.91	5.5	5.24	5.53	4.34	3.55	3.7	4.27	4.3	5.26	3.87
Tb	1.26	1.08	1.04	1.13	1.2	0.78	0.82	0.83	0.81	0.82	0.77	0.84	0.62	0.58	0.59	0.64	0.67	0.76	0.57
Dy	5.77	5.6	5.47	5.97	6.4	3.96	4.09	4.08	4.41	4.19	3.87	4.2	3.3	3.14	2.88	3.41	3.9	3.91	2.9
Ho	1.63	1.11	1.04	1.18	1.24	0.78	0.8	0.8	0.85	0.79	0.78	0.82	0.63	0.63	0.56	0.69	0.84	0.71	0.56
Er	3.18	3.23	3.16	3.33	3.58	2.11	2.32	2.24	2.37	2.21	2.26	2.4	1.92	1.81	1.74	2.19	2.66	2	1.73
Tm	0.63	0.44	0.45	0.5	0.51	0.31	0.3	0.32	0.34	0.31	0.33	0.33	0.27	0.26	0.26	0.31	0.45	0.28	0.26
Yb	3.33	2.97	2.97	3.09	3.35	1.92	2	1.97	2.08	2.03	2.1	2.17	1.8	1.87	1.84	2.19	3.01	1.91	1.7
Lu	0.71	0.46	0.44	0.47	0.5	0.29	0.29	0.29	0.28	0.3	0.31	0.32	0.29	0.27	0.25	0.3	0.46	0.26	0.24
ΣREE	201.5	199.3	202.4	210.4	218.5	170.5	178.9	173.8	181.2	179.9	197.4	202.8	175.2	138.9	140.4	158.6	146.2	168.1	147.1
LREE	178.6	177.5	181.1	187.2	193.5	154.5	162.4	157.4	164.1	163.8	181.7	186.2	162.1	126.7	128.5	144.6	129.9	153	135.3
HREE	22.9	21.83	21.27	23.22	24.94	15.94	16.46	16.34	17.06	16.16	15.65	16.61	13.17	12.11	11.83	13.99	16.28	15.09	11.83
LR/HR	7.8	8.13	8.52	8.06	7.76	9.7	9.87	9.63	9.62	10.13	11.62	11.21	12.3	10.46	10.86	10.33	7.98	10.14	11.44
(La/Sm)$_N$	3.22	3.39	3.66	3.58	3.28	3.8	3.76	3.68	3.82	3.92	5.05	4.82	5.66	4.85	4.93	4.95	4.79	4.19	5.29
(La/Yb)$_N$	8.57	9.93	10.24	10.19	9.38	13.49	13.66	13.22	13.24	13.78	15.99	15.8	16.9	12.62	12.67	12.05	7.7	13.97	14.94
δEu	0.61	0.7	0.61	0.64	0.66	0.82	0.8	0.85	0.83	0.79	0.8	0.78	0.81	0.78	0.76	0.75	0.73	0.68	0.72

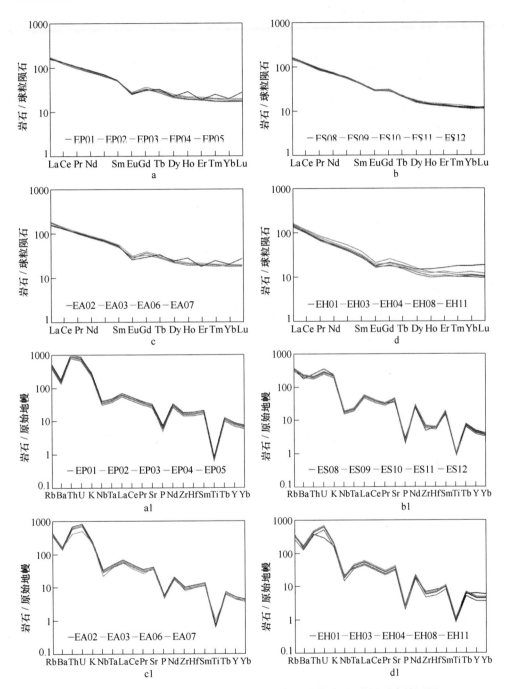

图 4-2 哈播富碱侵入岩体各单元稀土元素配分模式图/微量元素蛛网图

（球粒陨石及原始地幔值据 Sun and McDonough, 1989）

a, a1—EP; b, b1—ES; c, c1—EA: d, d1—EH

（4）哈播南山单元 Rb 含量为 330~361ppm，Sr 含量为 637~703ppm，Y 含量为 17~27ppm，稀土总量 $\sum$ REE 在 93~136ppm 之间，LREE 为 77~123ppm，HREE 为 13~16ppm，LREE/HREE 比为 4.9~8.1，轻重稀土分异不明显，在稀土配分图上表现为轻稀土富集的右倾形式（图 4-2d），（La/Sm）$_N$ 比为 3.0~3.5，（La/Yb）$_N$ 比为 4.1~8.4，δEu 为 0.74~0.78，表现为弱的 Eu 负异常；在微量元素蛛网图（图 4-2d1）上，哈播南山单元均富集大离子亲石元素 Rb、Th、U、K 等，亏损 Ba 以及 Nb、P、Ti 等高场强元素，未现 Ta、Zr、Hf 负异常。

4.3　岩体锆石年代学

本次年代学研究分别对哈播富碱侵入岩体四个岩石单元进行采样分析：

（1）样品 EP-1 采集自哈播岩体西北部坪山单元内，锆石颗粒粗大，呈短柱状，宽度 50~120μm，长宽比 1∶1~1∶3，Th 和 U 含量变化不大，Th 含量为 182~445ppm，U 含量为 276~632ppm，Th/U 比值为 0.59~0.86，CL 图像上（图 4-3a）均具良好的震荡环带特征，为典型的岩浆锆石，分析结果见表 4-3。24 个测点中，除了 1 个测点（EP-1-06）偏离年龄群之外（可能由于仪器操作失误），其余测点均投影在谐和曲线附近成束分布，^{206}Pb/^{238}U 加权年龄为 36.48Ma±0.45Ma（MSWD=0.05，n=21），可以代表其结晶年龄（图 4-3a1）。

（2）样品 ES-11 采集自哈播岩体西南部三道班单元内，为蚀变黑云母角闪石正长岩，锆石颗粒相对较小，呈短柱状，只有少数呈长板状，宽度 50~100μm，长宽比 1∶1~1∶2，Th 和 U 含量变化较大，Th 含量为 246~1015ppm，U 含量为 351~908ppm，Th/U 比值为 0.56~1.12，CL 图像上（图 4-3b）具较宽的震荡环带特征，为典型的岩浆锆石，分析结果见表 4-3，24 个测点全部投影在谐和曲线附近成束分布，^{206}Pb/^{238}U 加权平均年龄为 35.41Ma±0.34Ma（MSWD=0.03，n=24），可以代表其结晶年龄（图 4-3b1）。

（3）样品 EA-4 采集自哈播岩体西北部阿树单元，为黑云母辉石正长岩，锆石颗粒粗大，呈短柱状，宽度 50~120μm，长宽比 1∶1~1∶3，Th 和 U 含量变化不大，Th 含量为 185~933ppm，U 含量为 240~923ppm，Th/U 比值为 0.62~1.11，CL 图像上（图 4-3c）均具良好的震荡环带特征，为典型的岩浆锆石，分析结果见表 4-3，25 个测点均投影在谐和曲线附近成束分布，^{206}Pb/^{238}U 加权年龄为 37.18Ma±0.39Ma（MSWD=0.01，n=25），可以代表其结晶年龄（图 4-3c1）。

表 4-3　哈播富碱侵入岩体各单元锆石 LA-ICPMS U-Pb 同位素定年数据（Ma）

编号	Th 含量 /ppm	U 含量 /ppm	^{207}Pb/^{235}U	1σ	^{206}Pb/^{238}U	1σ	rho	^{207}Pb/^{235}U	1σ	^{206}Pb/^{238}U	1σ
EP-1-01	269	358	0.0591	0.0038	0.0056	0.0002	0.4574	58.3	3.6	36.1	1.1
EP-1-02	182	276	0.0659	0.0042	0.0056	0.0002	0.4862	64.8	4	36.3	1.1

编号	Th 含量/ppm	U 含量/ppm	$^{207}Pb/^{235}U$	1σ	$^{206}Pb/^{238}U$	1σ	rho	$^{207}Pb/^{235}U$	1σ	$^{206}Pb/^{238}U$	1σ
EP-1-03	225	378	0.0582	0.0041	0.0057	0.0002	0.384	57.5	3.9	36.5	1
EP-1-04	313	442	0.049	0.003	0.0057	0.0001	0.3999	48.6	2.9	36.4	0.9
EP-1-05	212	293	0.0697	0.009	0.0057	0.0002	0.2104	68.4	8.5	36.5	1
EP-1-06	277	401	0.0491	0.003	0.0057	0.0001	0.3807	48.7	2.9	36.4	0.9
EP-1-07	339	444	0.0511	0.0039	0.0057	0.0002	0.3713	50.6	3.7	36.6	1
EP-1-08	429	529	0.0448	0.0028	0.0056	0.0002	0.4368	44.5	2.7	36	1
EP-1-09	445	596	0.0494	0.0029	0.0057	0.0001	0.3827	49	2.8	36.7	0.8
EP-1-10	431	632	0.0797	0.0042	0.0057	0.0001	0.4019	77.8	4	36.9	0.8
EP-1-11	215	284	0.0613	0.0049	0.0056	0.0002	0.5015	60.4	4.7	36.3	1.4
EP-1-12	353	412	0.0585	0.0043	0.0057	0.0002	0.4513	57.7	4.2	36.6	1.2
EP-1-13	370	472	0.0584	0.0045	0.0057	0.0001	0.3368	57.6	4.3	36.4	0.9
EP-1-14	247	385	0.0502	0.0044	0.0057	0.0002	0.3416	49.7	4.3	36.4	1.1
EP-1-15	392	578	0.0486	0.0034	0.0057	0.0002	0.4205	48.2	3.3	36.5	1.1
EP-1-16	218	300	0.0838	0.0062	0.0057	0.0002	0.5072	81.7	5.8	36.6	1.4
EP-1-17	333	455	0.0975	0.0066	0.0056	0.0001	0.39	94.5	6.1	35.9	0.9
EP-1-18	316	388	0.0588	0.0045	0.0057	0.0003	0.5829	58	4.3	36.5	1.6
EP-1-19	351	489	0.0647	0.0045	0.0057	0.0001	0.3746	63.7	4.3	36.6	0.9
EP-1-20	391	491	0.0307	0.0059	0.0057	0.0002	0.1859	30.7	5.8	36.6	1.3
EP-1-21	266	328	0.0647	0.006	0.0056	0.0002	0.4146	63.7	5.8	36.1	1.4
EP-1-22	316	395	0.0688	0.0055	0.0057	0.0002	0.4639	67.5	5.2	36.8	1.4
EP-1-23	231	321	0.0775	0.0067	0.0057	0.0002	0.4997	75.8	6.3	36.4	1.6
ES -11-01	387	607	0.0361	0.0023	0.0055	0.0001	0.3622	36	2.2	35.3	0.8
ES -11-02	261	464	0.0456	0.0033	0.0055	0.0002	0.4511	45.3	3.2	35.5	1.2
ES -11-03	246	428	0.0432	0.0024	0.0055	0.0001	0.4331	42.9	2.3	35.2	0.8
ES -11-04	309	510	0.0378	0.0021	0.0055	0.0001	0.3936	37.7	2.1	35.5	0.8
ES -11-05	334	596	0.0421	0.0023	0.0055	0.0001	0.3823	41.8	2.2	35.4	0.7
ES -11-06	363	543	0.0379	0.0022	0.0055	0.0001	0.3751	37.8	2.1	35.2	0.8
ES -11-07	401	480	0.0465	0.0031	0.0055	0.0001	0.3604	46.1	3	35.4	0.8
ES -11-08	425	485	0.0462	0.0029	0.0055	0.0001	0.3639	45.9	2.9	35.4	0.8
ES -11-09	501	565	0.0542	0.0031	0.0055	0.0001	0.4105	53.6	3	35.5	0.8
ES -11-10	321	433	0.0518	0.0031	0.0055	0.0001	0.4199	51.3	3	35.4	0.9
ES -11-11	450	454	0.0918	0.0063	0.0055	0.0002	0.4203	89.2	5.9	35.4	1

编号	Th 含量 /ppm	U 含量 /ppm	$^{207}Pb/^{235}U$	1σ	$^{206}Pb/^{238}U$	1σ	rho	$^{207}Pb/^{235}U$	1σ	$^{206}Pb/^{238}U$	1σ
ES -11-12	428	489	0.0721	0.0068	0.0055	0.0002	0.4032	70.7	6.5	35.4	1.3
ES -11-13	722	730	0.0467	0.0025	0.0055	0.0001	0.3719	46.3	2.4	35.5	0.7
ES -11-14	423	538	0.0467	0.0029	0.0055	0.0001	0.3861	46.3	2.8	35.4	0.8
ES -11-15	256	351	0.0626	0.0041	0.0055	0.0002	0.4507	61.7	3.9	35.2	1
ES -11-16	643	620	0.0812	0.0052	0.0056	0.0001	0.36	79.3	4.9	35.8	0.8
ES -11-17	330	476	0.0601	0.0033	0.0056	0.0001	0.4411	59.2	3.2	35.7	0.9
ES -11-18	585	788	0.0452	0.0027	0.0055	0.0001	0.3589	44.9	2.7	35.3	0.8
ES -11-19	557	629	0.0525	0.0047	0.0055	0.0001	0.2646	51.9	4.6	35.5	0.8
ES-11-20	307	483	0.0602	0.0031	0.0055	0.0001	0.4811	59.3	2.9	35.4	0.9
ES-11-21	293	389	0.0677	0.0086	0.0055	0.0001	0.2142	66.5	8.2	35.4	1
ES-11-22	289	487	0.0769	0.0052	0.0055	0.0002	0.4263	75.2	4.9	35.5	1
ES-11-23	362	559	0.0599	0.0036	0.0055	0.0001	0.4476	59.1	3.5	35.3	1
ES-11-24	1015	908	0.0442	0.0023	0.0055	0.0001	0.4543	43.9	2.3	35.4	0.8
EA -4-001	933.3	923.2	0.06266	0.010136	0.005755	0.000192	0.205979	61.7	9.7	37	1.2
EA-4-002	413	503.5	0.047524	0.003032	0.00578	0.000126	0.34242	47.1	2.9	37.2	0.8
EA-4-003	472.4	759.5	0.04609	0.002779	0.005788	0.000122	0.348255	45.8	2.7	37.2	0.8
EA-4-004	288.7	311.8	0.033254	0.004763	0.005774	0.000234	0.282953	33.2	4.7	37.1	1.5
EA-4-005	481.7	557.6	0.049031	0.003693	0.005773	0.000133	0.30679	48.6	3.6	37.1	0.9
EA-4-006	326.6	466.4	0.092487	0.018624	0.005783	0.000162	0.13905	89.8	17.3	37.2	1
EA-4-007	252.8	306.1	0.095701	0.016429	0.005773	0.000198	0.200082	92.8	15.2	37.1	1.3
EA-4-008	405.5	436.9	0.10955	0.015096	0.005803	0.000166	0.207898	105.6	13.8	37.3	1.1
EA-4-009	526	654.7	0.051397	0.003258	0.00577	0.00011	0.300185	50.9	3.1	37.1	0.7
EA-4-010	394.8	449.1	0.065815	0.004088	0.005777	0.000134	0.372419	64.7	3.9	37.1	0.9
EA-4-11	240.4	306.1	0.125506	0.027865	0.005782	0.000157	0.122007	120.1	25.1	37.2	1
EA-4-12	192.8	241.2	0.095597	0.006933	0.005805	0.000191	0.453058	92.7	6.4	37.3	1.2
EA-4-13	316.5	399.6	0.049085	0.003323	0.005789	0.000114	0.291848	48.7	3.2	37.2	0.7
EA-4-14	434.1	467.5	0.050292	0.003812	0.005784	0.000119	0.270719	49.8	3.7	37.2	0.8
EA-4-15	313.3	454.9	0.051057	0.004004	0.005795	0.000129	0.284371	50.6	3.9	37.2	0.8
EA-4-16	491.9	547.8	0.045882	0.002844	0.00579	0.00013	0.361853	45.6	2.8	37.2	0.8
EA-4-17	185.4	239.5	0.084771	0.006489	0.005803	0.00017	0.383652	82.6	6.1	37.3	1.1
EA-4-18	495.2	466	0.053821	0.006224	0.005791	0.000135	0.20232	53.2	6	37.2	0.9
EA-4-19	285.7	310	0.071845	0.005573	0.005788	0.000159	0.353762	70.4	5.3	37.2	1

编号	Th 含量 /ppm	U 含量 /ppm	$^{207}Pb/^{235}U$	1σ	$^{206}Pb/^{238}U$	1σ	rho	$^{207}Pb/^{235}U$	1σ	$^{206}Pb/^{238}U$	1σ
EA-4-20	356.6	383.8	0.065742	0.006154	0.005789	0.000158	0.291166	64.7	5.9	37.2	1
EA-4-21	614	750.8	0.102957	0.025393	0.005785	0.000252	0.176794	99.5	23.4	37.2	1.6
EA-4-22	490	516.5	0.045948	0.005154	0.005793	0.000155	0.238355	45.6	5	37.2	1
EA-4-23	240.8	315.3	0.061255	0.003368	0.005788	0.000152	0.478671	60.4	3.2	37.2	1
EA-4-24	341	538.9	0.054803	0.003418	0.005782	0.000125	0.345683	54.2	3.3	37.2	0.8
EA-4-25	846.8	763.2	0.038302	0.003318	0.005794	0.000118	0.234801	38.2	3.2	37.2	0.8
EH-1-01	451	750	0.0334	0.0022	0.0051	0.0001	0.3414	33.4	2.1	33	0.7
EH-1-02	270	449	0.0347	0.0027	0.0053	0.0001	0.3251	34.6	2.6	34	0.9
EH-1-03	247	321	0.0355	0.0038	0.0053	0.0002	0.3493	35.5	3.7	33.8	1.2
EH-1-04	265	359	0.0341	0.0068	0.0052	0.0002	0.1468	34	6.7	33.6	1
EH-1-05	206	325	0.0233	0.0036	0.0052	0.0002	0.2364	23.4	3.6	33.4	1.2
EH-1-06	131	204	0.0201	0.0021	0.0052	0.0002	0.4286	20.2	2.1	33.2	1.5
EH-1-07	234	345	0.0108	0.0012	0.0053	0.0002	0.2888	10.9	1.2	34.3	1.1
EH-1-08	269	422	0.0116	0.0011	0.0052	0.0002	0.3449	11.7	1.1	33.5	1.1
EH-1-09	357	543	0.016	0.0028	0.0052	0.0001	0.1584	16.1	2.8	33.3	0.9
EH-1-10	201	322	0.0234	0.0022	0.0052	0.0002	0.351	23.5	2.2	33.5	1.1
EH-1-11	162	283	0.0286	0.003	0.0052	0.0002	0.3119	28.6	2.9	33.6	1.1
EH-1-12	188	302	0.0434	0.004	0.0052	0.0002	0.4072	43.1	3.9	33.1	1.3
EH-1-13	425	635	0.028	0.0024	0.0052	0.0001	0.2917	28	2.4	33.3	0.8
EH-1-14	290	517	0.0379	0.0027	0.0052	0.0001	0.3795	37.7	2.7	33.7	0.9
EH-1-15	254	369	0.0889	0.0424	0.0052	0.0002	0.0608	86.5	39.5	33.4	1
EH-1-16	828	975	0.0384	0.0037	0.0052	0.0002	0.3233	38.3	3.7	33.6	1.1
EH-1-17	383	658	0.0361	0.0032	0.0052	0.0001	0.2975	36	3.1	33.4	0.9
EH-1-18	396	540	0.0292	0.0054	0.0052	0.0002	0.2254	29.2	5.3	33.6	1.4
EH-1-19	380	505	0.0653	0.0049	0.0052	0.0002	0.5044	64.2	4.7	33.1	1.3
EH-1-20	255	363	0.0605	0.0046	0.0052	0.0002	0.3862	59.7	4.5	33.4	1
EH-1-21	367	572	0.039	0.0029	0.0052	0.0001	0.3423	38.9	2.9	33.4	0.9
EH-1-22	549	616	0.0493	0.0032	0.0052	0.0001	0.3601	48.9	3.1	33.4	0.8
EH-1-23	576	888	0.0349	0.0026	0.0053	0.0001	0.2817	34.8	2.5	34.3	0.7
EH-1-24	594	856	0.0404	0.0023	0.0052	0.0001	0.3591	40.3	2.3	33.6	0.7
EH-1-25	347	516	0.0404	0.003	0.0052	0.0001	0.3445	40.2	2.9	33.5	0.9
EH-1-26	448	696	0.0425	0.0025	0.0052	0.0001	0.3496	42.2	2.5	33.4	0.7
EH-1-27	596	927	0.039	0.0022	0.0052	0.0001	0.3128	38.8	2.2	33.7	0.6
EH-1-28	751	1739	0.0374	0.0018	0.0052	0.0001	0.3577	37.3	1.7	33.3	0.6
EH-1-29	373	604	0.0285	0.0028	0.0053	0.0001	0.279	28.6	2.8	34.1	0.9

（4）样品 EH-1 采集自哈播岩体北部哈播南山单元，为辉石正长岩，锆石颗粒粗大，呈短柱状，宽度 60~160μm，长宽比 1∶1~1∶3，Th 和 U 含量变化较大，Th 含量为 53~751ppm，U 含量为 102~1739ppm，Th/U 比值为 0.12~0.89，CL 图像上（图 4-3d）均具完美的震荡环带特征，为典型的岩浆锆石，32 个测点中，29 个测点的^{206}Pb/^{238}U 年龄在 33.5Ma 左右，2 个测点（EH-1-02 和 EH-1-28）为 260Ma，1 个（EH-1-30）测点为 97.2Ma（表 4-3），除了测点 EH-1-30 远离谐和曲线之外，其余 31 个测点均在谐和曲线上或附近，剔除掉^{207}Pb/^{235}U 误差较大的测点，剩下的 23 个测点投影在谐和线附近成束分布，^{206}Pb/^{238}U 加权平均年龄为 33.53Ma±0.35Ma（MSWD=0.14，n=23），可以代表其结晶年龄（图 4-3d1），另外 3 颗老锆石可能是岩浆上升过程中捕获了围岩中的锆石。

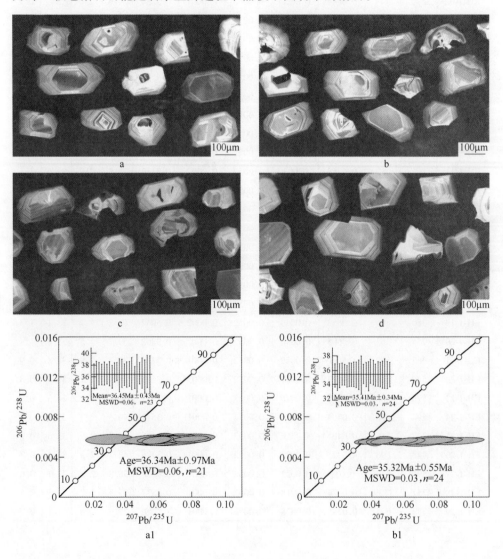

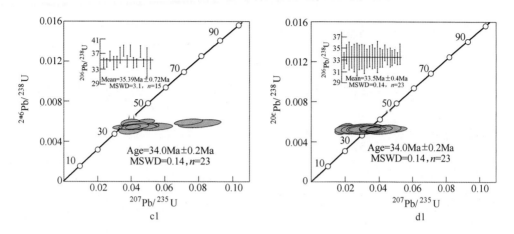

图 4-3 哈播富碱侵入岩体各期次花岗岩锆石 CL 图像及 U-Pb 年龄谐和图

a, a1—EP-1; b, b1—ES-11; c, c1—EA-4; d, d1—EH-1

4.4 区域对比及构造环境

4.4.1 区域对比

哈播富碱侵入斑岩体及其与"三江"地区喜山期典型斑岩体的基本特征对比见表 4-4，通过对比可以看出，"三江"地区喜山期斑岩体特征较为相似，主要异同点如下：

（1）岩石类型接近，主要矿物相似，副矿物组合基本相同。

（2）岩体形成时代较为集中，主要位于 30~40Ma 之间，均属于喜山中期。

（3）岩石主量元素含量接近，具有较高的 K_2O+Na_2O 含量，K_2O 含量>Na_2O 含量，属高钾、富碱、过铝质类型。

（4）微量元素特征相似，主要富集大离子亲石元素，亏损高场强元素，除哈播岩体部分样品及北衙斑岩体以外，其他斑岩体显示出 Ta、Nb 和 Ti 具"TNT"负异常，显示出俯冲带幔源岩石的成分特点（Sun and McDonough，1998）。

（5）稀土元素特征显示出一定的差异性，其中，北衙斑岩稀土元素总量变化范围较大，且最低值仅为 40.04，姚安斑岩稀土元素总量变化范围较大，且含量极高，达到 546.1~811.2ppm，玉龙、小龙潭、马厂箐和哈播斑岩具有相似的稀土元素总量和变化范围；除北衙斑岩个别样品以外，区域上斑岩体铕负异常现象明显。

表 4-4　哈播富碱侵入岩体斑岩及 "三江" 地区典型斑岩基本特征对比

岩体	岩石类型	形成时代/Ma	主要矿物	副矿物	主量元素特征	微量元素特征	稀土元素特征	资料来源
玉龙斑岩	斑状结构 二长花岗斑岩 正长花岗斑岩	40.9±0.1	碱性长石、斜长石 石英、角闪石 黑云母	磁铁矿、磷灰石 褐帘石、金红石 褐帘石、锆石	$K_2O/Na_2O>1$ 富钾、高碱、过铝 等	富 Sr、Sm 等, 亏损 Ta、Nb、Ti、P 等	$\sum REE: 393.94ppm$ $(La/Yb)_N: 42.80$ $\delta Eu:0.85$	张玉泉等,1958 梁华英等,2002
小龙潭斑岩	斑状结构 黑云二长斑岩 石英二长斑岩 石英钾长斑岩	34.7±0.28	钾长石、斜长石 石英	褐帘石、锆石 金红石	$K_2O/Na_2O>1$ (个别样品<1) 富钾、高碱、过铝	富 Rb、Ba、Th、K、U、 LREE、亏损 HFSE 尤其亏损 Ta、Nb、Ti	$\sum REE:262.76\sim$ $483.40ppm$ $(La/Yb)_N:46.14\sim97.74$ $\delta Eu:0.35\sim0.85$	张翔等,2015
北衙斑岩	斑状、似斑状结构 黑云英正长斑岩 正长斑岩	31.34±0.73 31.5±1.1	正长石、斜长石 石英	磁铁矿、磷灰石 褐帘石、锆石	$K_2O/Na_2O>1$ (个别样品<1) 富钾、高碱、过铝	富 LILE、亏损 HFSE, 尤其亏损 Ta、Nb、Y	$\sum REE:40.04\sim$ $298.30ppm$ $(La/Yb)_N:7.93\sim35.02$ $\delta Eu:0.54(1),0.84\sim1.16$	肖晓牛等,2009
马厂箐斑岩	斑状结构 花岗斑岩	34±0.5 33.7±0.1	条纹长石、斜长石 石英、角闪石 黑云母	磁铁矿、磷灰石 褐帘石、锆石	$K_2O/Na_2O>1$ (个别样品<1) 富钾、高碱、过铝	富 K、Rb、Sr、Ba、Th、 La、亏损 Ta、Nb、Ti	$\sum REE:213.6\sim$ $257.9ppm$ $(La/Yb)_N:26.6\sim33.8$ $\delta Eu:0.81\sim0.87$	夏斌等,2001 彭建堂等,2004 毕献武等,2005
姚安斑岩	斑状结构 正长斑岩	29	条纹长石、角闪石 石英、角闪石 黑云母	磁铁矿、磷灰石 褐帘石、锆石	$K_2O/Na_2O>1$ (个别样品<1) 富钾、高碱、过铝	富 K、Rb、Sr、Ba、Th、 La、亏损 Ta、Nb、Ti	$\sum REE:546.1\sim$ $811.2ppm$ $(La/Yb)_N:66.7\sim97.9$ $\delta Eu:0.82\sim0.99$	毕献武等,2005
哈播岩体	斑状、似斑状结构 辉石角闪正长斑岩 黑云角闪正长斑岩 角闪碱长正长斑岩 石英正长斑岩	36.19±0.22 36.48±0.45 35.41±0.34 36.88±0.65 33.53±0.35	钾长石、斜长石 角闪石、石英 黑云母	褐帘石、锆石	$K_2O/Na_2O>1$ 富钾、高碱、过铝	富 Rb、Th、U、K 等 亏损 Ba、Nb、Ti、P、Ta	$\sum REE:292\sim381ppm$ $(La/Yb)_N:4.1\sim14.9$ $\delta Eu:0.63\sim0.88$	本次研究

1.1.2 构造环境

研究表明，钾质火成岩产出的构造环境可划分为五种主要类型：板块内部（WIP）、早期洋弧（IOP）、晚期洋弧（LOP）、后碰撞弧（PAP）和大陆弧（CAP）（Müller et al.，1992，1993a，1993b；Morrison，1980）。将哈播富碱侵入岩体的样品点投影到 Müller et al.（1992）的 Zr/Al_2O_3-TiO_2/Al_2O_3 和 Ce/P_2O_5-Zr/TiO_2 图解（图4-4）上，可以看出除部分样品点落入 LOP+IOP（图4-4a）区域外，它们主要形成于大陆弧（图4-4b）环境。由于在地球化学特征上哈播岩体基本显示出 Ta、Nb 和 Ti 具"TNT"负异常，显示出俯冲带幔源岩石的成分特点，所以（1）岩浆源区不可避免地会有地壳物质加入；（2）岩浆上侵过程中势必会受到地壳物质的混染。上述两种因素的叠加很可能就导致部分样品投点落入到 LOP+IOP 区域。

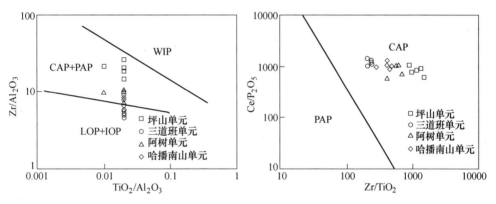

图4-4 哈播富碱侵入岩体四个单元构造判别图解

WIP—板块内部；IOP—早期洋弧；LOP—晚期洋弧；PAP—后碰撞弧；CAP—大陆弧

（底图据 Müller et al.，1992）

4.5 小结

通过对哈播富碱侵入岩体岩石主量、微量元素、稀土元素及锆石 U-Pb 年代学研究表明：

（1）哈播富碱侵入岩体主要岩性为辉石角闪正长斑岩、黑云母角闪正长斑岩、角闪碱长正长斑岩及石英正长斑岩，属高钾富碱过铝质岩类；其四个单元轻重稀土分离特征明显，不同单元花岗岩微量和稀土元素特征基本一致，显示其具有相似的来源和演化过程。

（2）LA-ICP-MS 锆石 U-Pb 年代学研究表明，哈播富碱侵入岩体四个单元成岩年龄分别为：1）坪山单元 36.48Ma±0.45Ma；2）三道班单元 35.41Ma±

0.34Ma；阿树单元 37.18Ma±0.39Ma；哈播南山单元 33.53Ma±0.35Ma。显示出哈播岩体形成于喜山中期，与"三江"地区喜山期典型富碱斑岩形成峰期年龄一致。

（3）通过对比哈播斑岩体与区域上典型斑岩体的基本特征，发现二者特征相似，但也有一定的差异性，表明区域上喜山期富碱斑岩虽然形成于同一构造体系，但是很可能由于岩浆源区的不同或同一源区岩浆在上侵过程中受到不同程度的壳物质混染而导致某些元素特征不一致。

（4）构造环境分析显示，哈播富碱侵入岩体主要形成于大陆弧环境。

5 矿床地球化学特征

5.1 微量及稀土元素

5.1.1 黄铁矿微量元素特征

根据 ICP-MS 分析结果（表 5-1）可以看出研究区金矿床中黄铁矿具有以下特征：

（1）哈播金矿中黄铁矿尽管 Co 含量（24.9~199ppm，均值 99ppm）和 Ni 含量（8.38~50.1ppm，均值 21ppm）相对其他矿床较低，但仍以富 Co 贫 Ni 为特征，其 Co/Ni 比值（0.89~18.4，均值 7.91，$n=8$）多大于 1.00。其中 Cu、Zn、Ag、Bi 和 As 含量分别在 56.9~1460ppm（均值 373ppm）、47.2~4670ppm（均值 973ppm）、41.7~328ppm（均值 220ppm）、13.6~1720ppm（均值 337ppm）和 1650~13000ppm（均值 4306ppm）之间，此外黄铁矿中 Pb 含量（2110~166000ppm）变化非常大，可能是其中包裹细微方铅矿所致。

表 5-1 研究区金矿床微量元素组成特征 (ppm)

矿床 样品	沙普金矿床（SP）								哈播金矿床（HB）				
	SP-5	SP-13	SP-14	SP-15	SP-17	SP-18	SP24	SP-26	HB-1	HB-3	HB-5	HB-6	HB-7
Co	206	276	515	356	325	419	144	432	32.9	141	154	199	159
Ni	21.8	36.6	77.8	10.7	32.4	13	253	43.7	33.1	8.38	11.7	20.4	8.63
Zn	39.8	7.79	35.7	17.9	17.2	13.9	35.2	15.1	4670	73.8	116	296	47.2
Ga	1.89	0.45	0.58	0.98	1.21	0.49	1.27	0.33	0.5	0.29	0.5	0.48	0.27
Ge	1.02	0.69	0.67	0.85	1.08	0.69	0.89	0.81	0.66	0.57	0.55	0.58	0.66
Rb	0.62	0.32	3.4	0.49	2.69	0.41	0.92	1.33	5.5	1.18	3.34	3.12	2.52
Sr	2.23	0.73	2.2	6.99	4.59	2.91	9.08	0.8	2.67	0.64	1.72	0.8	0.51
Zr	8.62	2.4	9.51	4.62	11.7	5.33	17.9	3.19	36.8	17.4	16.1	22.8	49.2
Nb	0.71	0.25	0.69	0.32	0.98	0.35	1	0.24	0.94	0.68	0.55	0.88	0.62
Ag	31.5	3.24	42.2	3.54	7.79	1.91	189	28.1	251	281	254	84.6	219
Cs	0.38	0.03	0.31	0.15	0.24	0.06	0.26	0.09	0.5	0.08	0.2	0.19	0.14
Hf	0.25	0.05	0.15	0.1	0.3	0.1	0.33	0.06	1.13	0.49	0.37	0.52	0.56
Ta	0.06	0.03	0.06	0.02	0.07	0.03	0.07	0.02	0.12	0.06	0.06	0.07	0.07

矿床	沙普金矿床（SP）								哈播金矿床（HB）				
样品	SP-5	SP-13	SP-14	SP-15	SP-17	SP-18	SP24	SP-26	HB-1	HB-3	HB-5	HB-6	HB-7
W	2.47	0.58	6.01	2.02	2.3	0.77	14.3	3.96	15.6	11.9	3.06	53.3	7.58
Tl	0.73	0.03	0.09	0.28	0.51	0.1	0.04	0.59	0.89	0.13	0.16	0.16	0.19
Bi	15.3	4.91	23.6	5.89	10.1	4.1	56.2	11.6	63.6	221	368	80.9	210
Th	2.88	0.4	1.51	1.37	1.92	0.81	1.77	0.24	3.09	2.13	2.24	2.91	2.39
U	0.86	0.2	0.72	0.41	1.34	0.38	5.33	0.07	2.36	0.94	1.2	1.26	1.02

矿床	哈播金矿床（HB）			哈埂金矿（HG）				舍俄金矿床（SE）				
样品	HB-8	HB-12	HB-14	HG-3	HG-8	HG-27	HG-29	SE-3	SE-7	SE-8	SE-14	SE-15
Co	38.4	44.4	24.9	482	149	225	244	1090	1440	359	159	262
Ni	19.9	50.1	18.6	73.6	131	98.6	147	1190	1020	158	1230	881
Zn	2350	117	116	16.1	17.2	259	237	48.4	55.5	7.68	74.6	25.5
Ga	0.49	0.66	0.44	0.21	0.39	0.62	0.62	1.03	0.64	0.43	0.83	0.86
Ge	0.51	0.44	0.56	0.66	0.72	0.76	0.76	0.81	0.87	0.71	0.96	0.68
Rb	7.46	8.3	5.09	2.36	1.54	0.92	4.7	8.91	2.78	1.1	5.72	8.87
Sr	1.28	11.9	2.59	3.45	4.69	7.89	3.42	35	21.2	5.56	1.6	14.9
Zr	44.8	88.8	59.6	3.82	2.82	17	25.7	62	26	5.08	41.8	71.2
Nb	1.64	3.57	1.65	0.76	0.44	2.9	3.41	2.13	1.39	0.53	0.9	5.67
Ag	328	298	41.7	2.95	4.21	49.5	99.7	10.9	7.79	4.13	62.5	7.01
Cs	0.58	0.56	0.63	0.4	0.21	0.38	1.13	0.51	0.16	0.04	0.36	0.66
Hf	1.8	2.87	1.38	0.12	0.06	0.41	0.62	1.5	0.62	0.14	0.49	1.92
Ta	0.24	0.38	0.16	0.05	0.02	0.19	0.26	0.11	0.08	0.03	0.05	0.37
W	51.2	5.79	8.05	3390	390	88.6	21.2	9.76	7.31	8.01	2.38	9.6
Tl	4.04	0.56	0.18	0.05	0.24	0.22	0.34	0.09	0.04	0.02	0.29	0.19
Bi	1720	15.2	13.6	11.7	7.1	168	1290	46.7	27.6	11.2	16.1	5.77
Th	5.03	12.2	7.02	0.59	0.47	2.16	3.97	4.38	1.89	0.34	0.79	5.56
U	3.41	4.34	2.17	2.09	0.42	1.13	2.98	1.7	0.66	0.12	0.68	1.97

（2）哈埂金矿中黄铁矿以富 Co（149~797ppm，均值 378ppm）贫 Ni（46.8~147ppm，均值 99.4ppm）为特征，所对应的 Co/Ni 比值在 1.14~16.9 之间（均值 5.71），大多大于 5.00。值得注意的是，该矿床黄铁矿中 Bi 含量异常高，但变化范围大（7.10~30800ppm，均值 6455ppm），暗示黄铁矿中可能包裹了一些

显微 Bi 矿物，如自然铋、辉铋矿等。该类黄铁矿中 Cu、Pb、Zn、Ag 和 As 含量分别在 122~1970ppm（均值 670ppm）、95.3~15500ppm（均值 3842ppm）、16.1~259ppm（均值 103ppm）、2.95~392ppm（均值 110ppm）和 66.7~2160ppm（均值 976ppm）之间。

（3）舍俄金矿中黄铁矿 Co 含量（159~1440ppm，均值 590ppm）和 Ni 含量（158~1230ppm，均值 849ppm）均相对较高，仍以富 Co 贫 Ni 为特征，其 Co/Ni 比值在 0.13~2.27（均值 0.90，$n=6$），多数在 1.00 附近，其 Bi 含量（5.77~50.5ppm，均值 26.3ppm）也相对低于其他矿床，暗示其地层可能混入的成矿物质相对较多。该类黄铁矿中 Cu、Pb、Zn、Ag 和 As 含量分别在 48.2~961ppm（均值 467ppm）、66.6~645（均值 279ppm）、7.68~129ppm（均值 56.8ppm）、4.13~62.5ppm（均值 20.0ppm）和 36.1~79900ppm（均值 14385ppm）之间。

（4）沙普金矿黄铁矿中以富 Co（144~515ppm，均值 334ppm）和相对贫 Ni（10.7~253ppm，均值 61.1ppm）为特征，所对应的 Co/Ni 比值在 0.57~33.3（均值 13.7，$n=8$）之间，多数大于 1.00，其中 Cu、Pb、Zn、Ag、Bi 和 As 含量分别在 267~1440ppm（均值 917ppm）、36~9080ppm（均值 2194ppm）、7.79~39.8ppm（均值 22.8ppm）、1.91~189ppm（均值 38.4ppm）、4.1~56.2ppm（均值 16.5ppm）和 33.6~1460ppm（均值 455ppm）之间。

本区不同类型黄铁矿中 Co、Ni、As、Cu、Zn、Pb、Mo、Bi 和 Ag 等成矿元素含量较高，矿床中黄铁矿富集 Cu、Au、Pb 和 Zn 特征与中温含 Au 硫化物石英脉中黄铁矿特征相似，暗示其成矿温度属于中温。在 Cu-Bi 关系图、Pb-Ag 关系图、（Cu+Ag+Mo)-(Pb+Zn）关系图和（Cu+Mo)-(Pb+Zn+Ag）关系图（图5-1）中，研究区金矿床投影区与哈播富碱侵入岩体四个单元投影区呈一定的正相关关系，表明二者物质来源密切相关。此外，从研究区黄铁矿的微量元素蛛网图（图5-2）可以看出，各矿床黄铁矿曲线形状和特征基本相似，表明具有相同的成矿物质来源，在同一成矿作用下形成。

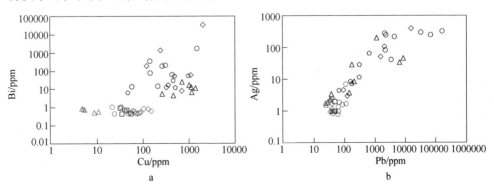

a

b

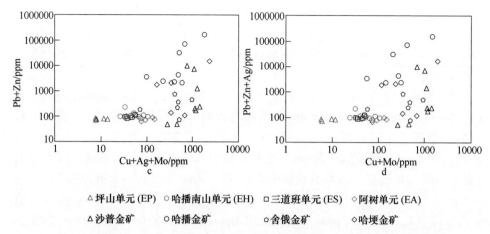

坪山单元(EP)　△沙普金矿

哈播南山单元(EH)　◇哈播金矿

三道班单元(ES)　◎舍俄金矿

阿树单元(EA)　◇哈埂金矿

图 5-1　研究区不同矿床黄铁矿与岩体 Cu-Bi 关系图（a）、Pb-Ag 关系图（b）、（Cu+ Ag+Mo）-（Pb+Zn）关系图（c）和（Cu+Mo）-（Pb+Zn+Ag）关系图（d）

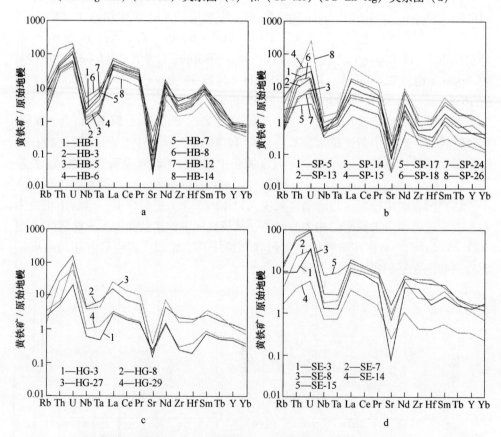

图 5-2　研究区金矿床黄铁矿微量元素蛛网图（原始地幔值据 Sun and McDonough，1989）

a—哈播金矿；b—沙普金矿；c—哈埂金矿；d—舍俄金矿

黄铁矿中的 Co/Ni 比值是研究成矿作用较为可靠的地球化学方法之一（刘英俊等，1984），一般而言，沉积作用形成的黄铁矿普遍具有较低的 Co/Ni 比值（小于 1.00），而岩浆热液矿床中黄铁矿具有较大的 Co/Ni 比值，通常大于 1.00（Bralia et al.，1979）。上述研究表明，本区各类矿床黄铁矿多以 Co/Ni 比值大于 1.00 为特征，表明其成矿作用与岩浆热液有关，部分样品 Co/Ni 比值小于 1.00，可能与地层混入的成矿物质较多有关，在 Co-Ni 关系图（图 5-3）中可以明显地看出：

（1）哈播金矿样品投影点分为两个部分，一部分投影点位于 Co/Ni 比值为 10 附近，而另一部分投影点位于 Co/Ni 比值为 1 附近，但是所有投影点 Co/Ni 比值均大于 1，说明其成矿热液来源于岩浆热液；

（2）哈埂金矿样品投影点较为分散，但都位于 Co/Ni 比值大于 1 区域，说明其成矿热液来源于岩浆热液；

（3）沙普金矿样品投影点较为集中，除个别样品外，基本位于 Co/Ni 比值为 10 附近，说明其成矿热液主要来源于岩浆热液；

（4）舍俄金矿样品投影点较为分散，Co/Ni 比值变化较大，说明其成矿热液来源较为复杂，很可能是在岩浆热液运移过程中受到了地层的混染。

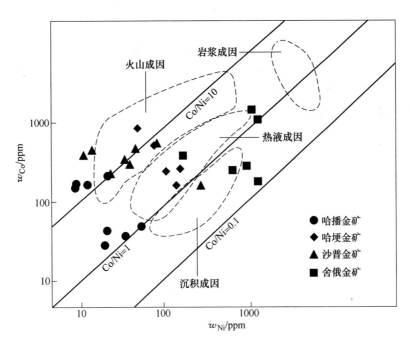

图 5-3 研究区金矿床黄铁矿 Co-Ni 关系图

（不同地质边界的定义据 Bajwah et al.，1987；Brill，1989）

5.1.2　闪锌矿微量元素特征

闪锌矿是研究区各矿床中仅次于黄铁矿的重要矿石矿物，即使在一些金矿床中也常出现，只是分布较少而已，如哈播斑岩型 Cu-Mo(Au) 矿床、哈播金矿等。本研究对研究区铅锌矿床中闪锌矿微量元素开展了相关研究，电子探针能谱研究结果（表 5-2 和图 5-4）表明，各矿床闪锌矿中 Fe 含量除个别样品达到 Fe 闪锌矿外，其余基本都较低，此外，闪锌矿中 In、Ga、Ge、Pb、Ag 和 Tl 等元素均低于检测线，具体如下：

（1）阿东铅锌矿：闪锌矿中 Zn 和 S 变化相对较小，为 63.27%±1.28% 和 32.35%±0.77%，其中 Fe 含量相对较低，在 2.33%~5.08% 之间，平均为 3.47% （$n=8$），Cd 含量（0.48%~1.06%，平均 0.72%，$n=8$）相对较高，同样，该矿床中 Mn 含量在 0.11%~0.28% 之间，平均为 0.19%（$n=8$）。

（2）多脚铅锌矿：该矿床闪锌矿以浅色为主，元素组成相对均匀，其中 Zn 含量（66.68%±0.47%）和 S 含量（31.85%±0.41%）变化范围最小，Fe 含量 （0.12%~0.23%，平均 0.18%，$n=7$）最低，多低于 0.30%，其 Mn 含量 （0.10%±0.02%）也较低，但明显富集 Cd，变化范围在 1.02%~1.30% 之间，平均为 1.19%。

可见，研究区铅锌矿床中闪锌矿均不同程度富集 Mn，Ye et al（2011）研究

表 5-2　研究区铅锌矿床电子探针分析结果（质量分数）　　　　（%）

矿床	样品编号	S	Zn	Fe	Cd	Mn	In	Ga	Ge	Pb	Ag	Tl
阿东铅锌矿床（AD）	AD27-1	32.86	63.49	2.92	0.58	0.15						
	AD27-2	32.38	64.62	2.33	0.56	0.11						
	AD27-3	32.79	62.74	3.48	0.83	0.15						
	AD27-4	31.95	62.74	4.59	0.48	0.23						
	AD27-5	32.06	64.03	2.57	1.06	0.28						
	AD27-9	31.01	64.39	3.34	0.99	0.27						
	AD27-12	33.37	60.91	5.08	0.53	0.11						
多脚铅锌矿床（DJ）	DJ-2	31.57	67.13	0.18	1.02	0.09						
	DJ-3	31.3	67.23	0.18	1.19	0.11						
	DJ-4	31.75	66.74	0.2	1.22	0.09						
	DJ-5	32.03	66.44	0.23	1.16	0.15						
	DJ-6	31.73	66.84	0.12	1.22	0.08						
	DJ-9	31.98	66.58	0.12	1.23	0.08						
	DJ-11	32.58	65.82	0.2	1.3	0.11						

表明，与岩浆热液有关的铅锌矿床中闪锌矿均富集 Mn，如云南白牛厂铅锌银多金属矿床、都龙锡锌矿床等，而不同于 MVT 型铅锌矿床（如贵州都匀牛角塘铅锌矿、云南会泽铅锌矿等）贫 Mn 特征，可见，本区闪锌矿的微量元素组成，暗示其形成与岩浆热液有关。其中 Fe 和 Cd 含量的变化，反映的是其形成温度的高低，如高温形成闪锌矿，一般富 Fe 贫 Cd，而低温形成闪锌矿，一般富 Cd 贫 Fe（刘英俊等，1984），上述铅锌矿床闪锌矿元素组成，表明阿东铅锌矿和多脚铅锌矿的成矿温度低。

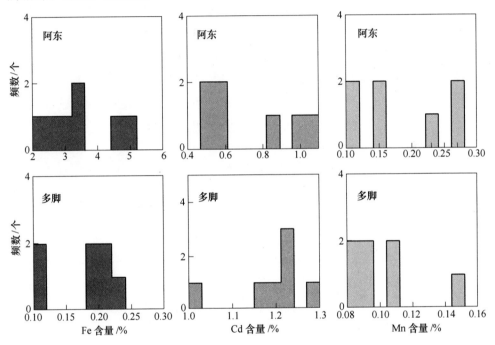

图 5-4 研究区铅锌矿床中闪锌矿元素含量直方图

5.1.3 稀土元素特征

我们对研究区各矿床中主要矿石矿物——黄铁矿开展了相关稀土元素地球化学研究，研究结果（表 5-3 和图 5-5）表明，本区矿床中黄铁矿稀土元素组成具有以下特征：

（1）哈播金矿床中黄铁矿稀土元素总量（31.51～179.29ppm，均值 88.66ppm，$n=8$）相对最高，其 LREE/HREE 比值在 18.10～28.83 之间（均值 23.30，$n=8$），(La/Yb)$_N$ 相对较高，变化范围在 25.06～75.30 之间，平均 47.55，其稀土配分模式为轻稀土富集向右倾型（图 5-5a），以 Eu 的中等负异常（δEu= 0.46～0.65，均值 0.57，$n=8$）和 Ce 无异常（δCe=0.98～1.01）为特征。

（2）舍俄金矿床中黄铁矿稀土元素总量（10.14~54.51ppm，均值33.70ppm，$n=6$）相对较低，其 LREE/HREE 比值在 6.82~10.73 之间（均值9.12，$n=6$），$(La/Yb)_N$相对较低，变化范围在 4.84~13.20 之间，平均 9.72，

表 5-3　研究区金矿床稀土元素组成特征 　　　　　　　　　　（ppm）

矿床 样品	沙普金矿床（SP）								哈播金矿床（HB）				
	SP-5	SP-13	SP-14	SP-15	SP-17	SP-18	SP-24	SP-26	HB-1	HB-3	HB-5	HB-6	HB-7
La	12.2	3.67	7.07	3.68	11.5	2.13	28.4	0.98	44.3	14.9	19.7	23.8	7.73
Ce	20.4	6.62	11.8	6.49	19.2	3.72	39.1	1.63	81.8	27.5	36.9	44	14
Pr	2.27	0.71	1.37	0.72	2.15	0.43	3.7	0.18	8.86	2.89	3.89	4.62	1.54
Nd	9.15	2.59	4.74	2.7	8.37	1.83	12.6	0.65	32.2	10.5	14.1	16.6	5.56
Sm	1.61	0.39	0.87	0.6	1.45	0.42	1.97	0.14	5.39	1.62	2.3	2.51	0.89
Eu	1.14	0.1	0.48	0.41	0.62	0.22	0.43	0.03	0.63	0.3	0.38	0.43	0.14
Gd	1.41	0.3	0.64	0.52	1.38	0.32	1.69	0.12	3.36	1.21	1.76	1.79	0.7
Tb	0.19	0.03	0.09	0.07	0.19	0.06	0.21	0.02	0.36	0.16	0.2	0.2	0.09
Dy	0.84	0.12	0.36	0.42	1.05	0.3	0.79	0.15	1.23	0.52	0.67	0.65	0.38
Ho	0.16	0.02	0.07	0.08	0.21	0.06	0.13	0.03	0.18	0.09	0.09	0.08	0.07
Er	0.39	0.06	0.2	0.25	0.55	0.16	0.38	0.07	0.52	0.23	0.27	0.21	0.19
Tm	0.06	0.01	0.03	0.04	0.06	0.02	0.05	0.01	0.06	0.03	0.03	0.03	0.03
Yb	0.34	0.06	0.18	0.2	0.43	0.14	0.34	0.07	0.35	0.18	0.2	0.2	0.16
Lu	0.05	0.01	0.02	0.03	0.05	0.02	0.05	0.01	0.06	0.03	0.02	0.03	0.03
Y	4.73	0.73	2.46	3.38	7.02	1.97	5.02	1.08	3.82	2.55	2.74	2.5	2.31
ΣREE	50.21	14.7	27.91	16.22	47.22	9.77	89.84	4.1	179.29	60.16	80.53	95.15	31.51
LR/HR	13.59	22.95	16.61	9.03	11.02	8.62	23.68	7.43	28.36	23.51	23.75	28.83	18.1
$(La/Sm)_N$	4.89	6.07	5.27	3.96	5.12	3.21	9.31	4.63	5.31	5.94	5.53	6.12	5.63
$(Gd/Yb)_N$	3.44	4.17	2.97	2.16	2.66	1.87	4.11	1.52	7.94	5.57	7.24	7.41	3.74
$(La/Yb)_N$	25.74	44.24	28.49	13.2	19.18	10.76	59.92	10.58	90.79	59.38	70.3	85.36	35.54
δEu	2.32	0.92	1.97	2.24	1.35	1.86	0.72	0.79	0.46	0.65	0.58	0.62	0.55
δCe	0.95	1	0.93	0.98	0.95	0.95	0.94	0.94	1.01	1.03	1.03	1.03	0.99
Hf/Sm	0.16	0.13	0.22	0.17	0.21	0.24	0.17	0.43	0.21	0.30	0.16	0.21	0.63
Nb/La	0.06	0.07	0.10	0.05	0.09	0.16	0.04	0.24	0.02	0.05	0.04	0.04	0.08
Th/La	0.24	0.11	0.21	0.37	0.17	0.38	0.06	0.24	0.07	0.14	0.11	0.12	0.31
Y/Ho	29.56	31.67	34.27	40.49	33.73	40.55	38	33.32	21.24	29.96	29.43	30.05	31.25

矿床 样品	哈播金矿床（HB）			哈埂金矿（HG）				舍俄金矿床（SE）				
	HB-8	HB-12	HB-14	HG-3	HG-8	HG-27	HG-29	SE-3	SE-7	SE-8	SE-14	SE-15
La	31.4	18.6	14.9	2.06	2.26	16.6	9.94	12.3	7.9	2.61	6.81	11.2
Ce	60	31.9	27.4	4.06	3.68	23.7	13.6	22.6	16	4.34	13.9	21.3
Pr	6.76	3.18	2.87	0.5	0.42	2.68	1.45	2.52	1.93	0.44	1.37	2.41
Nd	26.5	9.95	9.01	2.09	1.73	10	5.35	9.97	7.48	1.56	5.52	9.28
Sm	4.12	1.5	1.25	0.41	0.33	1.88	1.14	2.02	1.44	0.25	1.07	1.76
Eu	0.65	0.28	0.19	0.25	0.16	0.63	0.3	0.42	0.35	0.07	0.21	0.3
Gd	3.17	1.37	0.77	0.53	0.37	1.67	1.09	1.64	1.18	0.25	1.04	1.35
Tb	0.38	0.18	0.12	0.07	0.06	0.24	0.19	0.23	0.19	0.04	0.17	0.23
Dy	1.5	0.84	0.51	0.39	0.37	1.12	1.19	1.18	0.96	0.24	1.02	1.31
Ho	0.21	0.16	0.08	0.09	0.09	0.22	0.23	0.22	0.15	0.05	0.23	0.27
Er	0.66	0.45	0.3	0.23	0.2	0.57	0.62	0.66	0.44	0.13	0.72	0.81
Tm	0.07	0.07	0.04	0.03	0.03	0.07	0.08	0.08	0.06	0.02	0.11	0.11
Yb	0.39	0.43	0.31	0.18	0.17	0.5	0.48	0.58	0.36	0.12	0.82	0.83
Lu	0.06	0.06	0.05	0.03	0.02	0.08	0.08	0.09	0.06	0.02	0.13	0.12
Y	3.36	4.18	3.12	2.73	2.36	6.44	6.53	6.41	4.67	1.62	5.78	7.44
ΣREE	135.87	68.97	57.81	10.93	9.88	59.96	35.74	54.51	38.49	10.14	33.11	51.29
LR/HR	20.1	18.37	25.38	6.03	6.61	12.42	8.04	10.65	10.35	10.73	6.82	9.19
$(La/Sm)_N$	4.92	8.01	7.7	3.21	4.42	5.7	5.63	3.93	3.54	6.74	4.11	4.11
$(Gd/Yb)_N$	6.77	2.63	2.06	2.43	1.83	2.77	1.91	2.34	2.72	1.71	1.05	1.35
$(La/Yb)_N$	58.2	30.96	34.59	8.21	9.71	23.91	15.01	15.19	15.78	15.47	5.95	9.71
δEu	0.55	0.6	0.59	1.63	1.4	1.08	0.83	0.7	0.81	0.84	0.6	0.6
δCe	1.01	1.02	1.03	0.98	0.92	0.87	0.88	1	1	0.99	1.12	1.01
Hf/Sm	0.44	1.91	1.10	0.29	0.18	0.22	0.54	0.74	0.43	0.56	0.46	1.09
Nb/La	0.05	0.19	0.11	0.37	0.19	0.17	0.34	0.17	0.18	0.20	0.13	0.51
Th/La	0.16	0.66	0.47	0.29	0.21	0.13	0.40	0.36	0.24	0.13	0.12	0.50
Y/Ho	15.77	26.43	37.05	29.38	27.82	29.02	28.15	29	31.16	33.08	25.68	27.64

其稀土配分模式为轻稀土富集向右倾型（图 5-5b），以 Eu 的中等负异常（δEu = 0.60~1.04，均值 0.77，$n=6$）和 Ce 无异常（δCe = 0.97~1.10）为特征。

（3）哈埂金矿床中黄铁矿稀土元素总量（9.88~84.23ppm，均值 40.15ppm，$n=5$）变化较大，其 LREE/HREE 比值在 6.03~13.19 之间（均值 9.26，$n=5$），$(La/Yb)_N$ 相对较低，变化范围在 6.80~17.57 之间，平均 11.54，其稀土配分模

式为轻稀土富集向右倾型（图 5-5c），以 Eu 的弱负异常至正异常明显（δEu = 0.83~1.63，均值 1.23，$n=5$）和 Ce 弱负异常（δCe = 0.86~0.96）为特征。

（4）沙普金矿床中黄铁矿稀土元素总量（4.10~89.84ppm，均值 32.50ppm，$n=8$）变化较大，其 LREE/HREE 比值在 7.43~23.68 之间（均值 14.12，$n=8$），$(La/Yb)_N$ 变化较大（7.27~45.13 之间，平均 21.53），其稀土配分模式为轻稀土富集向右倾型（图 5-5d），以 Eu 的弱负异常到正异常明显（δEu = 0.72~2.32，均值 1.52，$n=8$）和 Ce 无异常（δCe = 0.91~0.99）为特征。

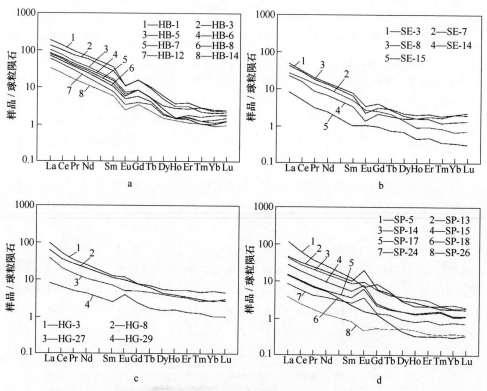

图 5-5　研究区金矿床黄铁矿稀土配分模式对比图

（球粒陨石值据 Sun and McDonough, 1989）

a—哈播金矿；b—舍俄金矿；c—哈埂金矿；d—沙普金矿

5.1.4　成矿物质来源

稀土元素属不活泼元素，在热液体系中稀土元素地球化学可以十分有效地示踪成矿流体来源（Wang et al., 2012, 2011；毛光周等，2006）。虽然 REE^{3+} 半径与 Fe^{2+} 半径存在较大差异，但前人认为 REE^{3+} 可能会以流体包裹体等其他形式存在于黄铁矿等硫化物中，因此黄铁矿的稀土元素组成特点可以反映成矿物质及流体中稀土元素特征（Mao et al.，2009；赵葵东，2005）。由于黄铁矿中流体包裹体含量较低，导致了哈播金矿、哈埂金矿及沙普金矿的稀土总量低于哈播富碱侵入体中的稀土总量，但其配分模式仍具有研究意义。

　　从哈播金矿、哈埂金矿、沙普金矿、舍俄金矿及哈播富碱侵入体的稀土平均值配分模式（图5-6）可以看出，四个金矿床与岩体都有着相似的"右倾型"配分模式，暗示二者可能具有相同的物质来源。由于 Y 和 Ho 具有相同的价态和离子半径，八次配位时，两者的离子半径分别为 $1.019×10^{-10}$ m 和 $1.015×10^{-10}$ m，Y 和 Ho 常常具有相同的地球化学性质，在许多地质过程中，Y/Ho 比值并不发生改变（Shannon，1976），因此，可以利用 Y 和 Ho 对成矿流体及现代海底热液进行研究（毛光周等，2006；Douville et al.，1999；Bau and Dulski，1996）。一般而言，岩浆物质来源的 Y/Ho 比值为 24～34，海洋沉积物的 Y/Ho 比值为 35～60，海水的 Y/Ho 比值为 40～70，热水沉积物的 Y/Ho 比值小于 24（Bau，1996）。可以看出（表5-3），除少数样品外，哈播金矿、哈埂金矿、沙普金矿及舍俄金矿黄铁矿的 Y/Ho 比值都主要集中在 24.00～34.00 之间，这些矿床的 Y/Ho 比值分别在 29.56～40.50（大部分在 24.00～34.00 的范围）、27.82～29.38、25.68～31.16 及 25.68～33.08 之间，暗示这些矿床的成矿物质来源与岩浆有关。

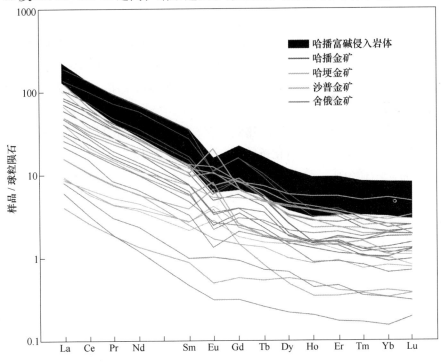

图 5-6　哈播富碱侵入岩体及周边金矿床球粒陨石标准化稀土配分模式图解

（据 Sun and McDonough，1989）

5.1.5 成矿流体组成及演化特征

研究表明，稀土元素离子在溶液中能与 CO_3^{2+}、Cl^-、F^-、NO_3^-、SO_4^{2-} 等配合，形成碳酸盐、硫酸盐、氯化物、氟化物型络合物，这是稀土元素在自然界的重要存在形式（韩吟文等，2003）。哈播金矿、哈埂金矿、沙普金矿及舍俄金矿黄铁矿稀土元素配分曲线均为轻稀土富集的"右倾型"配分模式，表明成矿流体中含有大量的 Cl^- 或 F^-（Keppler，1996；Oreskes and Einaudi，1990）。高场强元素（HFSE）离子电价较高，半径较小，具有较高的离子场强。REE 和 HFSE 受晶格结构的影响不大，而应主要受形成黄铁矿的成矿流体的 REE 和 HFSE 特征控制。富 Cl 的热液中 Hf/Sm、Nb/La 和 Th/La 值一般小于 1，而富 F 的热液富集 HFSE，Hf/Sm、Nb/La 和 Th/La 值基本大于 1（Oreskes and Einaudi，1990）。从表 5-3 可以看出，哈播金矿、哈埂金矿、沙普金矿及舍俄的 Hf/Sm、Nb/La 和 Th/La 值均明显小于 1，表明成矿流体富 Cl^-，而 F^- 的含量则较低。可以看出（表 5-3），Cu、Pb、Zn 在各个矿床中均富集，Cd 除在沙普金矿中相对亏损以外，在哈播金矿及哈埂金矿中均富集，Tl 在各个矿床中均亏损。Co、Ni 在各个金矿中均表现出富集特征，但是相较于哈播金矿而言，Co 在哈埂金矿及沙普金矿中含量明显更高。稀有元素、放射性元素及钨钼族元素在各个矿床中均呈亏损状态。依据各个矿床的黄铁矿微量元素特征，我们推测这些矿床的成矿流体富集亲硫元素（Cu、Pb、Zn、Cd）及铁族元素（Co、Ni）。在手标本及镜下鉴定中，我们发现除黄铁矿外，最重要的金属矿物是方铅矿、闪锌矿及黄铜矿，这与成矿流体元素富集特征是相符合的。

Eu^{2+} 易于在高温、还原性质的热液中存在，导致 Eu 正异常，但是不易存在于低温还原性质的热液中。氧化条件下，Ce^{3+} 氧化为 Ce^{4+}，与其他元素分离，导致 Ce 异常。哈播金矿、哈埂金矿、沙普金矿和舍俄金矿黄铁矿的 δCe 值变化范围较小（0.78~0.96），没有明显异常，表明这几个金矿床的金成矿物理化学条件总体为还原环境。哈播金矿黄铁矿 REE 具有 Eu 的负异常（δEu 值为 0.42~0.59），表明该金矿床成矿温度不高。哈埂金矿黄铁矿 δEu 值变化范围为 0.82~1.17，表明该金矿床成矿温度相较于哈播金矿更高。手标本及镜下鉴定过程中我们发现哈埂金矿部分样品有大量磁铁矿存在，这种矿物的出现也表明该矿床的成矿温度更高。沙普金矿黄铁矿 δEu 值变化范围较大（0.71~2.26），暗示其成矿温度范围较大。Y-Ho、Zr-Hf 和 Nb-Ta 具有两两相近的离子半径和电价，Y/Ho、Zr/Hf 和 Nb/Ta 在同一热液体系中比值稳定，但当体系受到干扰变化时，如发生热液活动或交代作用时，这些元素对会发生明显的分异，表现为不同样品之间同一元素对的比值有较大的变化范围（Yaxley et al.，1998；Bau and Dulski，

1995）。Y/Ho、Zr/Hf 和 Nb/Ta 值在各个矿床中的变化范围较大，并且其比值呈现出哈播金矿、哈埂金矿、沙普金矿、舍俄金矿逐步变大的趋势，表明该区金矿床的成矿热液体系受到干扰。研究表明，哈播富碱侵入岩体的四个单元具有脉动式侵入特征，我们推测这种脉动式侵入造成的热叠加效应导致成矿流体局部过热，从而使该区金矿床的成矿热液体系受到干扰，由于这些矿床与哈播富碱侵入岩体的空间关系存在差异，从而导致各个矿床受到热叠加效应干扰程度并不一样。与此同时，在还原环境下这种局部过热的成矿流体在形成黄铁矿等金属矿物时，会导致其 δEu 值呈较大正值（如沙普金矿）。

5.2 成矿流体

本研究所选包裹体样品分别采自研究区的 6 个矿床，包括石英、方解石和闪锌矿样品共计 49 片，在镜下做了大量的鉴定工作后，最后甄选出 17 块包裹体片进行包裹体测温工作，包裹体盐度据 Bondar and Vityk（1994）查得，包裹体测温及盐度结果如表 5-4 所示。

表 5-4 研究区金-铅锌矿床流体包裹体测温结果

矿床名称	样品	矿物	均一温度 /℃	均值 /℃	冰点温度 /℃	均值 /℃	盐度 $w(NaCl)$/%	均值 /%
阿东铅锌矿（AD）	AD-8	方解石	150~335（7）	206	-6.7（1）	-6.7	10.1（1）	10.1
	AD-8	闪锌矿	156~171（5）	163	-2.5~-7.3（4）	-5.1	4.2~10.9（4）	7.9
	AD-12	方解石	143~317（22）	225	-3.5~-7.5（8）	-5.8	5.7~11.1（8）	8.9
	AD-16	方解石	144~201（18）	172	-4.9（1）	-4.9	7.7（1）	7.7
	AD-21	方解石	169~244（15）	215	-6.1（1）	-6.1	9.2（1）	9.2
	AD-24	方解石	179~230（6）	205	-5（1）	-5	7.8（1）	7.8
哈播金矿（HB）	HB-9	石英	180~436（18）	309	-6.9~-8.5（4）	-7.8	10.3~12.3（4）	11.5
哈埂金矿（HG）	HG-29	石英	301~400（9）	352	-6.8~8（2）	-7.4	10.2~11.7（2）	11
	HG-34	石英	226~400（20）	300	-7.3~-8.3（3）	-7.8	10.9~12.1（3）	11.4
多脚铅锌矿	DJ-4	石英	246~321（8）	283	-5.2~-7（2）	-6.1	8.1~10.5（2）	9.3
	DJ-12	石英	210~260（8）	236	-6.8（1）	-6.8	10.2（1）	10.2
舍俄金矿	SE-12	石英	183~324（23）	258	-3.9~-6.1（4）	-5.1	6.3~9.3（4）	8
沙普金矿	SP-9	石英	151~329（17）	275	-4.9~-7（2）	-6	7.7~10.5（2）	9.1
	SP-20	石英	235~356（4）	292	-6.6（1）	-6.6	10（1）	10
	SP-29	石英	281~385（6）	333	-7.1~-7.3（2）	-7.2	10.6~10.9（2）	10.7

5.2.1　哈播金矿

石英中流体包裹体观察结果表明，哈播金矿流体包裹体主要位于 5~10μm 之间，多为长条状、眼球状，其流体包裹体主要分为以下几类：

Ⅰ类富液相包裹体（LV），由液相和气相组成，其 g/L 比值一般小于 50%。

Ⅱ类富气相包裹体（VL），由气相和液相组成，其 g/L 比值一般大于 50%。

Ⅲ类含子矿物多相包裹体（LVH），由液相、气相和子矿物组成，包裹体中以透明子矿物为主，多为立方体晶形。

哈播金矿以富气相的气液两相包裹体（图 5-7a）为主，偶见富气相与富液相包裹体共存现象（图 5-7b），暗示流体曾发生沸腾。此外，偶见包裹体中存在子晶矿物（图 5-7c）。上述观察结果可能表明，本矿床成矿流体属于较高温度和盐度的成矿流体，流体曾经发生沸腾作用。包裹体测温结果表明，该矿床石英流体包裹体均一温度变化范围为 180~436℃（均值 309℃，$n=18$），峰值集中在 325~350℃，冰点温度变化范围为 -6.9~-8.5℃（均值 -7.8℃，$n=4$），对应的盐度 $w(\mathrm{NaCl\ eq.})$ 为 10.3%~12.3%（均值 11.5%，$n=4$），主要集中在 11% 附近，显示出流体具有中-高温度和中-高盐度流体特征（图 5-7j）。

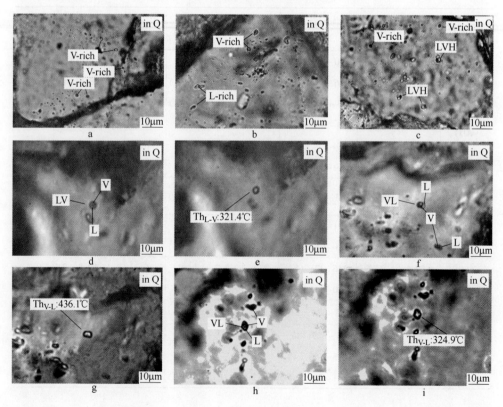

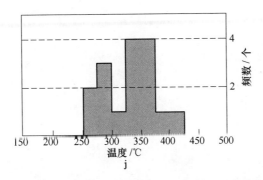

图 5-7　哈播金矿流体包裹体照片及均一温度分布直方图

a—富气相包裹体群；b—富气相和富液相包裹体共生；c—含子晶矿物包裹体和富气相包裹体共生；
d—富液相流体包裹体；e—富液相流体包裹体 d 加热到 321.4℃时气泡消失；f—富气相流体包裹体；
g—富气相流体包裹体 f 加热到 436.1℃时气泡消失；h—富气相流体包裹体；i—富气相流体包裹体 h
加热到 324.9℃时气泡消失；j—流体包裹体均一温度分布直方图
Q—石英；V—气相；L—液相；H—固相

5.2.2　哈埂金矿

矿床中与磁铁矿和黄铁矿共生石英中包裹体较多，成群分布，大小主要集中在 5~10μm 之间，多呈椭圆状产出，其流体包裹体主要分为以下几类：

Ⅰ类富液相包裹体（LV），由液相和气相组成，其 g/L 比值一般小于 50%。

Ⅱ类富气相包裹体（VL），由气相和液相组成，其 g/L 比值一般大于 50%。

Ⅲ类含子矿物多相包裹体（LVH），由液相、气相和子矿物组成，包裹体中以透明子矿物为主，多为立方体晶形。

哈埂金矿以富气相气液包裹体（图 5-8a、b）为主，其 g/L 比值大于 50%，含部分富液相气液包裹体，其 g/L 比值在 20%~30% 之间。此外，大量含子晶矿物包裹体被发现，其子矿物多以石盐为主（图 5-8c）。上述包裹体特征表明，本矿床成矿流体属于较高温度和高盐度流体。包裹体测温结果表明，该矿床石英流体包裹体均一温度变化范围在 226~400℃ 之间（平均 317℃，$n=29$），峰值集中在 325~350℃，冰点温度变化范围为 -6.8~-8.3℃（平均 -7.7℃，$n=5$），对应的盐度 w（NaCl eq.）为 10.2%~12.1%（均值 11.3%，$n=5$），主要集中在 11.2% 附近，显示出中-高温度和中-高盐度流体特征（图 5-8h）。

5.2.3　舍俄金矿

该矿床金属矿物以黄铁矿为主，其他矿物少见，脉石矿物以石英为主，偶见方解石。对其中与黄铁矿共生石英包裹体观察结果表明，其中包裹体相对较少、

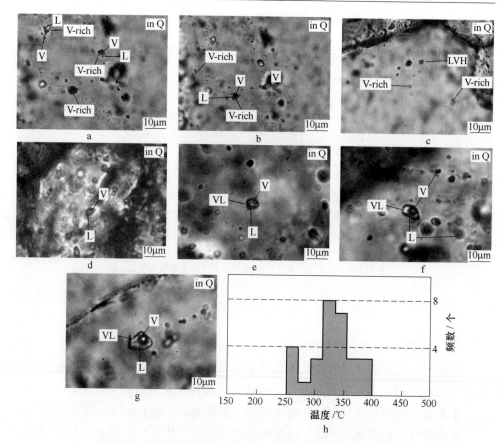

图 5-8　哈埂金矿流体包裹体照片及均一温度分布直方图

a，b—富气相包裹体群；c—含子晶矿物包裹体和富气相包裹体共生；

d—富液相流体包裹体；e，g—富气相包裹体；f—富气相流体包裹体；

h—流体包裹体均一温度分布直方图

Q—石英；V—气相；L—液相；H—固相

较小，多小于 8μm，其流体包裹体主要分为以下几类：

Ⅰ类富液相包裹体（LV），由液相和气相组成，其 g/L 比值一般小于 50%。

Ⅱ类富气相包裹体（VL），由气相和液相组成，其 g/L 比值一般大于 50%。

舍俄金矿以富液相包裹体为主，其 g/L 比值在 20%～40% 之间，富气相包裹体较少，未见含子晶矿物包裹体。可见，该矿床成矿流体可能为中等温度和盐度流体。其中，对样品 SE-9 进行包裹体测温时观察到有一包裹体内有两个小气泡（图 5-9d），对包裹体进行均一温度测试发现，在温度逐渐升高的过程中，临近相变点时两个小气泡剧烈跳动，最后气泡消失时测得其均一温度为 247.3℃（图 5-9e）。从包裹体测温结果可以看出，舍俄金矿石英流体包裹体均一温度变化范围为 183～324℃（平均 258℃，n=23），峰值集中在 250～300℃，冰点温度变化范围为-3.9~-6.1℃（平均-5.1℃，$n=4$），对应的盐度 w（NaCl eq.）为 6.3%~9.3%（均值 8%，$n=4$），主要集中在 8% 附近，表明本矿床成矿流体具有中-高温度和中等盐度流体特征（图 5-9h）。

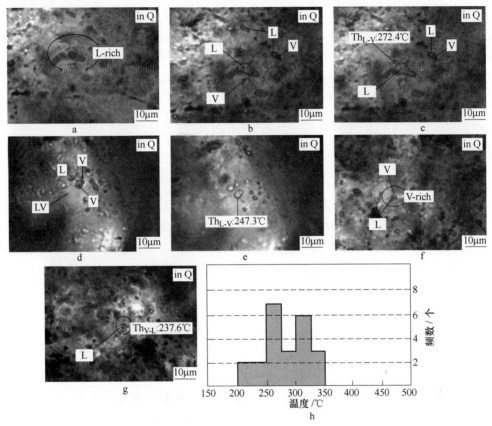

图 5-9　舍俄金矿流体包裹体照片及均一温度分布直方图

a—富液相包裹体；b—加热后 a 包裹体里的气泡逐渐变小，且剧烈跳动；

c—a 包裹体气泡消失，测得其均一温度为 272.4℃；d—富液相流体包裹体（含两个气泡）；

e—两个气泡消失，测得均一温度为 247.3℃；f—富气相流体包裹体；

g—气泡消失，测得均一温度为 237.6℃；h—流体包裹体均一温度分布直方图

Q—石英；V—气相；L—液相

5.2.4　沙普金矿

该矿床金属矿物以黄铁矿为主，其他矿物少见，脉石矿物以石英为主。石英包裹体观察结果表明，本矿床流体包裹体相对较多，成群分布，多呈椭球状产出，其流体包裹体主要分为以下几类：

Ⅰ类富液相包裹体（LV），由液相和气相组成，其 g/L 比值一般小于 50%。

Ⅱ类富气相包裹体（VL），由气相和液相组成，其 g/L 比值一般大于 50%。

沙普金矿以富气相气液包裹体（图 5-10a～c）为主，未见含子晶矿物包裹体，偶见富气相包裹体与富液相包裹体共生（图 5-10a），暗示局部可能存在沸腾作用。包裹体测温结果可以看出，该矿床石英流体包裹体均一温度变化范围为 151～385℃（平均 290℃，$n=27$），峰值集中在 275～325℃，冰点温度变化范围为 -4.9～-7.3℃（平均 -6.8℃，$n=5$），对应的盐度 $w(NaCl\ eq.)$ 为 7.7%～10.9%（均值 10%，$n=5$），主要集中在 10% 附近，显示出中-高温度和中等盐度流体特征（图 5-10j）。

5.2.5 多脚铅锌矿

本次研究对多脚铅锌矿主要脉石矿物——石英中的包裹体进行了显微镜下观察。包裹体观察结果表明，其流体包裹体主要分为以下几类：

Ⅰ类富液相包裹体（LV），由液相和气相组成，其 g/L 比值一般小于 50%。

Ⅱ类富气相包裹体（VL），由气相和液相组成，其 g/L 比值一般大于 50%。

多脚铅锌矿脉石矿物-石英中的包裹体较小，一般在 5～10μm，常呈长条状或似立方体产出，以富液相的气液包裹体（图 5-11a、c）为主，其 g/L 比值很低，多在 10%～20% 之间，偶见富气相气液包裹体（图 5-11b）。表明该矿床成矿流体可能属于中（高）-低温低盐度流体，这种流体很可能属于成矿流体沉淀 Au 矿化后残余，其中大气降水参与成分较多。

该矿床石英流体包裹体均一温度变化范围为 210～321℃（平均 260℃，$n=16$），峰值集中在 250℃ 附近，冰点温度变化范围为 -5.2～-7℃（平均 -6.5℃，$n=3$），所对应的盐度 $w(NaCl\ eq.)$ 在 8.5%～10.5%（均值 9.5%，$n=3$）之间，主要集中在 9.5% 附近，表明矿床成矿流体具中高温度和中等盐度特征（图 5-11h）。此外，在测温过程中发现一富气相流体包裹体（图 5-11f）加热到 400℃ 以后，其气泡没有任何变化（图 5-11g），表明其均一温度较高，暗示多脚铅锌矿成矿流体温度范围较大。

5.2.6 阿东铅锌矿

本次研究对阿东铅锌矿主要脉石矿物——方解石和矿石矿物——闪锌矿中的包裹体进行了显微镜下观察。包裹体观察结果表明，其流体包裹体主要分为以下几类：

Ⅰ类富液相包裹体（LV），由液相和气相组成，其 g/L 比值一般小于 50%。

Ⅱ类富气相包裹体（VL），由气相和液相组成，其 g/L 比值一般大于 50%。

Ⅲ类含子矿物多相包裹体（LVH），由液相、气相和子矿物组成，包裹体中以透明子矿物为主，多为立方体晶形。

Ⅳ类纯液相包裹体（L），包裹体由液相组成。

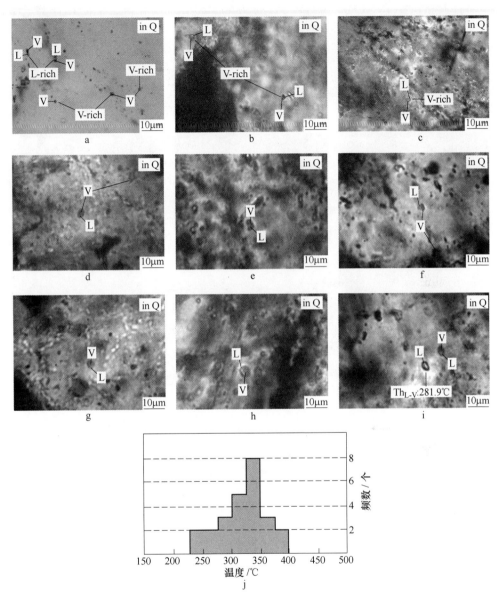

图 5-10 沙普金矿流体包裹体照片及均一温度分布直方图

a—富气相流体包裹体群与富液相流体包裹体群共生；b—富气相包裹体；c，f，h—富气相流体包裹体；

d—富气相流体包裹体，加热到200℃气泡未消失；e—加热中的富气相流体包裹体；

g—加热中的富气相流体包裹体，加热到300℃气泡未消失；i—富气相流体包裹体加热到

281.9℃时气泡消失，均一为液相，其相邻一流体包裹体气泡并没有消失；

j—流体包裹体均一温度分布直方图

Q—石英；V—气相；L—液相

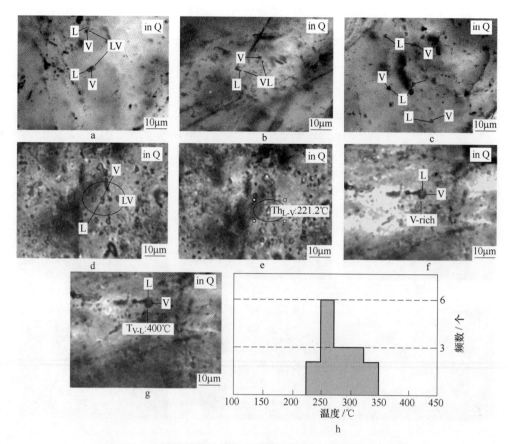

图 5-11　多脚铅锌矿流体包裹体照片及均一温度分布直方图

a，d—富液相流体包裹体；b，f—富气相流体包裹体；c—富液相流体包裹体群；
e—加热 d 至 221.2℃时，流体包裹体均一为液相；g—加热 f 至 400℃时，
流体包裹体气泡无任何变化；h—流体包裹体均一温度分布直方图
Q—石英；V—气相；L—液相

　　阿东铅锌矿脉石矿物——方解石中包裹体较小，一般在 5μm 左右，常呈长条状或似立方体产出，以富液相的气液包裹体（图 5-12a）为主，其 g/L 比值很低，多小于 10%，常见纯液相包裹体成群产出，并与气液包裹体共存（图5-12a）。

　　此外，偶见含子晶矿物包裹体（图 5-12b）及富气相气液包裹体（图5-12g）。图 5-12i_1 ~ i_8 展示了某一富液相包裹体完整的测温过程，测得其冰点为−8.9℃，均一温度为 184℃。闪锌矿中包裹体较多，但由于闪锌矿颜色较深，一些包裹体气液界线无法区分，初步观察结果可以看出，闪锌矿中包裹体也是以富液相的气液包裹体（图 5-12c）和纯液相的包裹体（图 5-12d）为主，其中 g/L 比值很低

（一般<10%）。上述研究结果表明，阿东矿床成矿流体属于低温流体，流体盐度不高，但局部可能较高，这可能是多种流体混合所致。

阿东铅锌矿闪锌矿和方解石流体包裹体均一温度变化范围在143～335℃（平均194℃，$n=70$）之间，峰值集中在180～200℃及300～335℃两个区间，冰点温度变化范围为-2.5～-7.5℃（平均-5.6℃，$n=16$），对应的盐度 w（NaCl eq.）为4.2%～11.1%（均值8.3%，$n=16$），主要集中在7.5%～9.5%，显示出低温、中-高温和中低盐度流体特征，暗示阿东铅锌矿可能有两期流体作用，以中-低温流体活动占主导作用（图5-12j）。

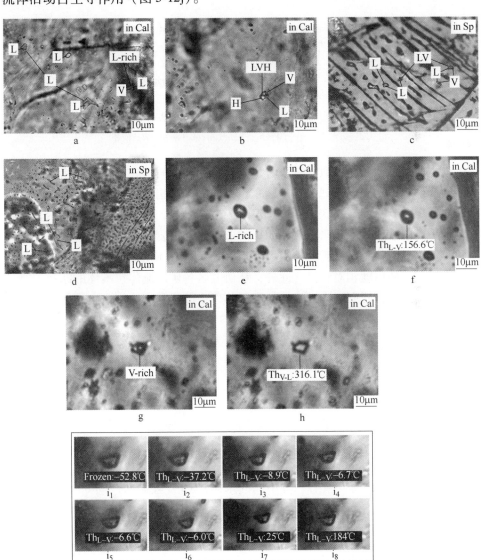

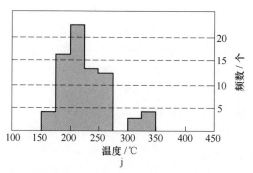

图 5-12　阿东铅锌矿流体包裹体照片及均一温度分布直方图

a—纯液相包裹体与富液相流体包裹体共生；b—含子晶矿物流体包裹体；c—纯液相包裹体
与富液相流体包裹体共生；d—纯液相流体包裹体；e—富液相流体包裹体；f—加热至 156.6℃时，
e 包裹体气泡消失；g—富气相流体包裹体；h—富气相流体包裹体，加热到 316.1℃时，
g 包裹体气泡未消失；i₁₋g—富液相流体包裹体从被冻住到均一的过程，
测得其冰点为-8.9℃，均一温度为184℃；j—流体包裹体均一温度分布直方图
Cal—方解石；Sp—闪锌矿；V—气相；L—液相；H—液相

以上测温及相关盐度数据可以看出，这些与哈播岩体在时空关系上紧密联系矿床的成矿流体具有以下规律：从阿东铅锌矿、多脚铅锌矿、舍俄金矿、沙普金矿、哈播金矿到哈埂金矿，成矿流体温度为升高趋势，这和各个矿床与哈播岩体的空间距离几乎相对应，暗示这些矿床的形成与哈播岩体关系密切，距离岩体较近的矿床以金矿为主，成矿流体温度相对较高，离岩体距离较远的矿床以铅锌矿为主，成矿流体温度相对较低。此外，从研究区各矿床流体包裹体的冰点温度所计算的盐度来看，研究区成矿流体盐度总体以中等盐度流体为主，高盐度流体和低盐度流体较少。如前所述，某些（如多脚）矿床出现高（中）温与低温流体包裹体共存现象，均一温度变化范围相对较大，这可能是成矿流体属于两种不同性质流体的混合所致，包括岩浆热液和地层水（大气降水），各矿床不同性质流体混合的比例显然是有差异的。

5.3　硫同位素

硫在自然界具有明显的同位素分馏效应，因此硫同位素被广泛应用于示踪成矿物质来源，进而可以探讨矿床的成因（郑永飞等，2000；Ohmoto，1986）。已有的研究表明，一般硫主要有三种不同的来源：（1）幔源硫，其 $\delta^{34}S$ 接近于 0，变化范围为 0±3‰；（2）现代海水硫，$\delta^{34}S$ 约为 20‰，变化范围大，一般认为海相蒸发盐岩 $\delta^{34}S$ 代表海水硫酸盐的硫同位素；（3）还原硫，又称生物硫，呈现显负值为特征。

本研究对云南元阳阿东-堕谷地区主要矿床（点）选取了 31 件硫化物单矿物

样品,包括黄铁矿、方铅矿、闪锌矿三种硫化物。测试工作在中国科学院地球化学研究所环境地球化学国家重点实验室完成,分析仪器为 CF-IRMS(EA-IsoPrime,型号为 Euro3000,GVinstruments)同位素质谱仪,并对同一样品重复测定两次,测试结果采用以国际硫同位素 CDT 标准标定的国家硫同位素标准(硫化银)GBW04414($\delta^{34}S = -0.07$‰)和 GBW04415($\delta^{34}S = +22.15$‰)校正,误差小于±0.2‰。测试结果如表 5-5 所示,从该表及所获得的硫同位素直方图(图 5-13)可以看出:(1)哈播金矿、哈埂金矿和沙普金矿床(图 5-13a~c)硫同位素组成基本一致,集中在 0 值附近,其变化范围分别为 -0.52‰~0.46‰(均值 -0.05‰,$n = 6$)、-0.21‰~2.69‰(均值 1.13‰,$n = 6$)和 -1.91‰~-0.41‰(均值 -0.98‰,$n = 5$);(2)舍俄金矿(图 5-13d)硫同位素组成尽管具有较大变化范围(-3.04‰~-0.05‰),但其均值(均值 -1.42‰,$n = 5$)也基本在 0 值附近;(3)阿东和多脚铅锌矿(图 5-13e、f)硫同位素组成相对较低,以较小负值为特征,其变化范围分别为 -3.82‰~-0.47‰(均值 -2.72‰,$n = 7$)和 -3.45‰~-3.37‰(均值 -3.41‰,$n = 2$)。可见,研究区各矿床硫化物单矿物硫同位素组成数据都分布在 -4‰~4‰之间,具有明显的塔式效应,显示出岩浆硫的特征,表明各矿床硫的来源主要与深部岩浆热液有关。更为重要的是,各金矿床及铅锌矿床之间的硫同位素均值呈现出如下特征:1.13‰(哈埂)、-0.05‰(哈播)、-0.98‰(沙普)、-1.42‰(舍俄)、-2.72‰(阿东)、-3.41‰(多脚),这种从金矿到铅锌矿的递减效应很可能暗示这些矿床的成矿物质来源于哈播富碱侵入岩体,在流体搬运和矿质沉淀过程中硫同位素的分馏效应导致了这种递减效应的形成。

表 5-5 研究区金矿-铅锌矿床硫同位素组成特征

矿床	样号	单矿物	$\delta^{34}S$ /CDT‰	均值 /CDT‰	矿床	样号	单矿物	$\delta^{34}S$ /CDT‰	均值 /CDT‰
哈播金矿	HB-3	黄铁矿	-0.32	-0.05	哈埂金矿	HG-3	黄铁矿	0.05	1.13
	HB-5	黄铁矿	0.01			HG-8	黄铁矿	-0.21	
	HB-6	黄铁矿	0.46			HG-27	闪锌矿	1.11	
	HB-7	黄铁矿	0.05			HG-28	黄铁矿	0.84	
	HB-12	黄铁矿	0.05			HG-29	黄铁矿	2.69	
	HB-14	黄铁矿	-0.52			HG-30	黄铁矿	2.32	
沙普金矿	SP-10	黄铁矿	-0.73	-0.98	舍俄金矿	SE-3	黄铁矿	-3.04	-1.42
	SP-13	黄铁矿	-0.41			SE-8	黄铁矿	-2.11	
	SP-14	黄铁矿	-0.53			SE-12	黄铁矿	-1.81	
	SP-24	黄铁矿	-1.91			SE-14	黄铁矿	-0.08	
	SP-26	黄铁矿	-1.32			SE-15	黄铁矿	-0.05	

矿床	样号	单矿物	δ³⁴S /CDT‰	均值 /CDT‰	矿床	样号	单矿物	δ³⁴S /CDT‰	均值 /CDT‰
阿东铅锌矿	AD-7	方铅矿	-3.76	-2.72	多脚铅锌矿	DJ-6	闪锌矿	-3.37	-3.41
	AD-13	方铅矿	-3.44			DJ-12	闪锌矿	-3.45	
	AD-17	闪锌矿	-0.47						
	AD-18	闪锌矿	-3.82						
	AD-19	闪锌矿	-0.48						
	AD-22	方铅矿	-3.33						
	AD-24	方铅矿	-3.74						

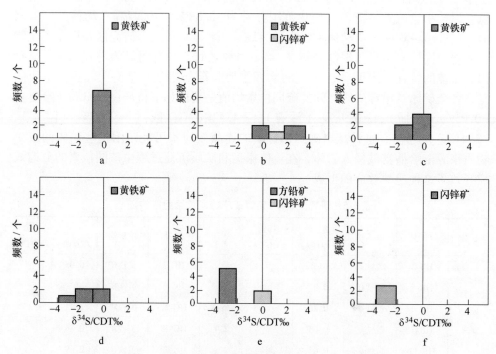

图 5-13   研究区金矿-铅锌矿床硫同位素分布直方图

a—哈播金矿；b—哈埂金矿；c—沙普金矿；d—舍俄金矿；e—阿东铅锌矿；f—多脚铅金矿

5.4   铅同位素

作为一种重元素，铅同位素组成在除放射性衰变以外的物理、化学及生物过程中均不会发生较大变化，并且在成矿物质运移和沉淀过程中也能保持相对稳定，是示踪成矿物质来源最直接最有效的方法（Canals and Cardellach，1997；

Zhu, 1995)。对比岩浆岩、矿石、地层和基底铅同位素组成来示踪成矿物质来源是有效的地球化学方法之一（张乾等, 2000）。已有的研究表明, 矿石硫化物含有较低的 U、Th 含量, 其形成后衰变产生的放射性成因铅可以忽略不计, 而岩浆岩长石铅可近似代表岩浆的铅同位素组成, 如果矿石铅来自岩浆分异, 二者铅同位素组成应该一致或接近（张乾等, 2000）。

本次研究对研究区内金矿、铅锌矿床及哈播富碱侵入岩体开展了相关铅同位素研究, 分析测试样品共计 43 个, 其中哈播富碱侵入岩体样品为 13 个, 全为钾长石单矿物, 金矿-铅锌矿床样品为 30 个, 各矿床单矿物为矿石矿物——黄铁矿、方铅矿和闪锌矿。分析结果（表 5-6）表明, 研究区哈播富碱侵入岩体和各类矿床铅同位素组成具有以下特征:

（1）哈播富碱侵入岩体的长石铅同位素组成较均一, 其 $^{206}Pb/^{204}Pb$、$^{207}Pb/^{204}Pb$ 和 $^{208}Pb/^{204}Pb$ 比值分别为 18.608 ~ 18.761（均值 18.661, $n = 13$）、15.572 ~ 15.722（均值 15.630, $n = 13$）和 38.599 ~ 39.11（均值 38.765, $n = 13$）。长石中的 μ 值变化范围较窄（9.39 ~ 9.67, 均值为 9.50）, 大部分样品 μ 值低于 9.58, 仅 4 个样品 μ 值高于 9.58, 表明该类长石主要属于低放射成因深源铅, 同时还存在少量高放射成因壳源铅。此外, 长石中 Th/U 比值变化范围同样较窄（3.68 ~ 3.85, 均值为 3.74）, 略高于中国大陆地幔 Th/U 比值（平均值为 3.60, 李龙等, 2001）, 低于中国下地壳 Th/U 比值（5.48, 李龙等, 2001）, 明显高于中国上地壳（平均值为 3.47, 李龙等, 2001）。可见, 富碱侵入岩体中长石以较低 μ 值和 Th/U 比值的低放射成因铅为特征, 其铅来源应以地幔和下地壳来源为主, 但不排除少量铅来源于上地壳。

在 Zartman 铅构造模式图解中（图 5-14）, 富碱侵入岩体 4 个单元的钾长石铅同位素数据组成主要位于下地壳铅和造山带铅演化区域内, 说明其主要来自下地壳和造山带, 为下地壳铅和造山带铅的混合, 其深源特征明显。需要注意的是, 由于该模式图中造山带铅的含义不明确, 它实际上包括了高 L 值的整合铅、俯冲带的壳幔混合铅、海底热水作用铅和部分沉积与变质作用铅（朱炳泉等, 1998）, 故对于造山带铅的解释需要综合考虑其他同位素数据及参数和研究区区域地质特征。

（2）相对哈播富碱侵入岩体, 研究区金矿-铅锌矿床铅同位素组成略为分散, 总体上, 硫化物单矿物的 $^{206}Pb/^{204}Pb$、$^{207}Pb/^{204}Pb$ 和 $^{208}Pb/^{204}Pb$ 比值多接近哈播富碱侵入岩体长石比值, 分别为 18.523 ~ 18.901（均值 18.631, $n = 30$）、15.576 ~ 15.874（均值 15.664, $n = 30$）和 38.592 ~ 39.376（均值 38.819, $n = 30$）。各矿床 μ 值和 Th/U 比值变化范围略高于哈播富碱侵入岩体, 分别在 9.39 ~ 9.97 和 3.61 ~ 4.02 之间, 均值分别为 9.57（$n = 31$）和 3.79（$n = 30$）, 其中, 哈播金矿的 μ 值相对最低, 其变化范围为 9.42 ~ 9.48, 均值为 9.45（$n = 6$）, 均

表 5-6 研究区金-铅锌矿床铅同位素组成特征

样品编号	样品名称	分析结果										计算参数					
		同位素比值						表面年龄/Ma	Φ值	μ值	Th/U	ω	V1	V2	Δα	Δβ	Δγ
		$^{206}Pb/^{204}Pb$	误差	$^{207}Pb/^{204}Pb$	误差	$^{208}Pb/^{204}Pb$	误差										
SP-10	黄铁矿	18.71	0.004	15.69	0.003	38.983	0.007	62.1	0.574	9.61	3.82	37.93	75.13	60.04	82.78	23.48	43.06
SP-13	黄铁矿	18.647	0.004	15.654	0.004	38.827	0.009	62.3	0.574	9.55	3.78	37.31	69.79	57.89	79.15	21.13	38.89
SP-14	黄铁矿	18.734	0.002	15.738	0.002	39.319	0.008	105	0.577	9.7	3.88	39.61	86.97	60.64	87.48	26.78	53.94
SP-26	黄铁矿	18.672	0.002	15.663	0.002	38.87	0.005	55.5	0.573	9.56	3.79	37.43	70.97	58.51	80.08	21.69	39.75
SE-03	黄铁矿	18.644	0.002	15.705	0.002	38.919	0.003	129	0.58	9.65	3.83	38.18	76.81	61.09	84.12	24.73	44.28
SE-08	黄铁矿	18.648	0.003	15.731	0.002	39.015	0.005	158	0.582	9.7	3.87	38.8	81.38	62.23	86.62	26.55	48.13
SE-12	黄铁矿	18.599	0.002	15.599	0.001	38.659	0.003	26.9	0.571	9.44	3.73	36.39	61.98	54.49	73.7	17.4	32.87
SE-14	黄铁矿	18.624	0.004	15.606	0.004	38.684	0.009	17.5	0.57	9.45	3.73	36.42	62.54	55.15	74.43	17.83	33.13
SE-15	黄铁矿	18.603	0.002	15.599	0.002	38.659	0.006	23.9	0.571	9.44	3.73	36.37	61.87	54.55	73.7	17.39	32.74
AD-07	方铅矿	18.58	0.004	15.756	0.004	39.028	0.009	236	0.589	9.75	3.92	39.48	85.78	63.2	88.83	28.54	51.95
AD-13	方铅矿	18.604	0.004	15.802	0.004	39.206	0.007	274	0.592	9.74	3.89	40.53	93.59	65.38	93.3	31.72	58.46
AD-18	闪锌矿	18.529	0.002	15.708	0.002	38.847	0.004	214	0.587	9.66	3.86	38.56	78.43	60.51	84.09	25.3	46.1
AD-22	方铅矿	18.549	0.002	15.72	0.002	38.899	0.005	215	0.587	9.68	3.87	38.77	80.28	61.24	85.34	26.09	47.54
AD-24	方铅矿	18.53	0.003	15.715	0.003	38.883	0.009	222	0.588	9.68	3.88	38.77	79.93	60.72	84.78	25.79	47.42
AD-17	闪锌矿	18.549	0.005	15.726	0.004	38.917	0.011	222	0.588	9.7	3.88	38.91	81.24	61.53	85.9	26.51	48.34
HB-3	黄铁矿	18.641	0.002	15.613	0.001	38.719	0.003	14	0.57	9.47	3.73	36.53	63.56	55.58	75.15	18.27	33.92
HB-5	黄铁矿	18.621	0.002	15.602	0.001	38.681	0.004	14.6	0.57	9.45	3.73	36.39	62.19	54.81	74.04	17.55	32.93
HB-6	黄铁矿	18.62	0.003	15.588	0.004	38.643	0.005	-3	0.568	9.42	3.71	36.11	60.2	54.18	72.89	16.59	31.29
HB-7	黄铁矿	18.628	0.006	15.593	0.005	38.655	0.011	-2.4	0.569	9.43	3.71	36.16	60.7	54.55	73.35	16.91	31.61
HB-12	黄铁矿	18.635	0.002	15.594	0.001	38.658	0.003	-6.3	0.568	9.43	3.71	36.15	60.94	54.88	73.75	16.98	31.69
HB-14	黄铁矿	18.663	0.004	15.62	0.004	38.761	0.01	6.8	0.569	9.48	3.74	36.65	64.61	56.01	75.88	18.7	34.73
HC-3	黄铁矿	18.665	0.002	15.695	0.002	38.947	0.004	101	0.577	9.62	3.83	38.08	75.96	60.22	83.17	23.96	43.8

续表 5-6

样品编号	样品名称	同位素比值						表面年龄/Ma	Φ值	μ值	Th/U	计算参数					
		$^{206}Pb/^{204}Pb$	误差	$^{207}Pb/^{204}Pb$	误差	$^{208}Pb/^{204}Pb$	误差					ω	V1	V2	$\Delta\alpha$	$\Delta\beta$	$\Delta\gamma$
HG-8	黄铁矿	18.625	0.002	15.632	0.002	38.753	0.004	50.3	0.573	9.61	3.76	36.93	66.59	56.57	76.97	19.65	36.39
HG-25	黄铁矿	18.564	0.004	15.63	0.003	38.682	0.007	92.5	0.576	9.51	3.76	36.95	66.39	56.35	76.65	19.68	36.33
HG-29	磁铁矿	18.618	0.002	15.584	0.001	38.599	0.004	−6.8	0.568	9.41	3.69	35.91	59.1	54.48	72.77	16.33	30.?1
HG-31	磁铁矿	18.603	0.002	15.587	0.002	38.607	0.004	8.3	0.569	9.42	3.7	36.05	59.5	54.12	72.53	16.55	30.68
HG-32	黄铁矿	18.6	0.001	15.582	0.002	38.592	0.003	4	0.569	9.41	3.7	35.96	58.76	53.83	72.03	16.21	30.1
HG-33	磁铁矿	18.588	0.002	15.602	0.002	38.628	0.004	38.9	0.572	9.45	3.72	36.35	61.82	54.93	73.97	17.65	32.56
DJ-6	闪锌矿	18.523	0.003	15.713	0.003	38.878	0.008	225	0.588	9.67	3.88	38.77	79.85	60.54	84.61	25.68	47.42
DJ-12	闪锌矿	18.528	0.003	15.713	0.002	38.873	0.007	221	0.588	9.67	3.87	38.72	79.56	60.64	84.59	25.66	47.11
ES-8	长石	18.635	0.002	15.608	0.003	38.68	0.008	11.9	0.57	9.46	3.72	36.36	62.32	55.51	74.64	17.93	32.79
ES-10	长石	18.651	0.002	15.619	0.002	38.718	0.006	14.4	0.57	9.48	3.73	36.53	63.82	56.23	75.76	18.66	33.91
ES-11	长石	18.652	0.002	15.638	0.002	38.779	0.004	38.2	0.572	9.51	3.76	36.94	67.02	57.16	77.61	19.99	36.57
EH-1	长石	18.646	0.003	15.594	0.002	38.655	0.008	−14.5	0.568	9.43	3.7	36.08	61.15	55.45	74.39	16.98	31.61
EH-3	长石	18.646	0.003	15.609	0.002	38.704	0.005	5.1	0.569	9.46	3.73	36.41	62.69	55.48	74.77	17.97	33.13
EH-4	长石	18.615	0.004	15.576	0.003	38.596	0.007	−15.1	0.567	9.4	3.69	35.84	58.95	54.19	72.6	15.8	30.03
EH-8	长石	18.687	0.002	15.644	0.002	38.812	0.007	20.2	0.57	9.52	3.75	36.94	67.41	57.78	78.27	20.31	36.67
EH-11	长石	18.697	0.002	15.687	0.001	38.956	0.003	67.7	0.574	9.61	3.82	37.87	74.56	59.9	82.46	23.3	42.58
EP-1	长石	18.7	0.002	15.646	0.001	38.842	0.002	13.2	0.57	9.53	3.76	37.01	67.95	57.8	78.49	20.42	37.17
EP-3	长石	18.71	0.003	15.692	0.003	38.983	0.008	64.6	0.574	9.61	3.82	37.95	75.32	60.2	82.98	23.62	43.17
EP-5	长石	18.761	0.002	15.722	0.002	39.11	0.004	65.5	0.574	9.67	3.85	38.47	79.73	62	86	25.58	46.61
EA-5	长石	18.663	0.002	15.618	0.002	38.724	0.007	4.2	0.569	9.47	3.73	36.48	63.54	56.25	75.68	18.56	33.63
EA-7	长石	18.704	0.002	15.677	0.003	38.929	0.005	50	0.573	9.59	3.8	37.63	72.8	59.47	81.51	22.58	41.09

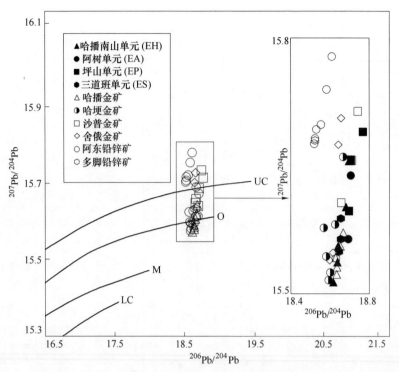

图 5-14　哈播富碱侵入岩体及其接触带金矿床和外围铅锌矿床^{206}Pb/^{204}Pb-^{207}Pb/^{204}Pb 对比图
（底图据 Zartman and Doe，1981）
LC—下地壳；M—地幔；O—造山带；UC—上地壳

小于 9.58，表明该矿床铅为低放射成因的深源铅；哈埝金矿、舍俄金矿及沙普金
矿 μ 值相对中等，大部分样品 μ 值小于 9.58，少量样品 μ 值大于 9.58，如哈埝
金矿、舍俄金矿及沙普金矿 μ 值变化范围分别为 9.41~9.62（均值 9.50，$n=7$）、
9.44~9.70（均值 9.54，$n=5$）及 9.55~9.70（均值 9.61，$n=4$），低于 9.58 的
样品分别有 5 个、3 个及 3 个，表明这些矿床中的铅绝大部分属于低放射成因深
源铅，少量属于高放射成因的壳源铅；研究区铅锌矿床 μ 值相对最高，阿东铅锌
矿和多脚铅锌矿的 μ 值分别在 9.66~9.84（均值 9.72，$n=6$）和 9.67~9.67（均
值 9.67，$n=2$）之间，均明显高于 9.58，表明这些矿床中铅以高放射成因壳源
铅为主。此外，各金矿床（点）Th/U 比值略高于哈播富碱侵入岩体，哈播金
矿、哈埝金矿、舍俄金矿和沙普金矿 Th/U 比值分别为 3.71~3.74（均值 3.72，
$n=6$）、3.69~3.83（均值 3.74，$n=7$）、3.73~3.87（均值 3.78，$n=5$）和 3.78
~3.88（均值 3.82，$n=4$），而阿东铅锌矿和多脚铅锌矿的 Th/U 比值相对较高
些，分别在 3.86~3.99（均值 3.90，$n=6$）和 3.87~3.88（均值 3.88，
$n=2$）之间。可见，各矿床 Th/U 比值均接近中国大陆地幔值（平均值为 3.60，

李龙等，2001），而低于中国下地壳值（5.48，李龙等，2001），明显高于中国上地壳值（平均值为3.47，李龙等，2001）。

在 Zartman 铅同位素构造模式对比图（图5-14）中，几乎所有金矿床样品与哈播岩体具有相同的投影区域，而铅锌矿（阿东、多脚）样品略偏离哈播富碱侵入岩体投影区。

大量矿石铅和岩石铅同位素的研究（朱炳泉等，1998）表明，钍铅的变化以及钍铅与铀铅同位素组成的相互关系对于地质过程与物质来源可以提供丰富的信息，为了突出铅同位素组成之间的变化关系和消除时间因素的影响，可将三种铅同位素组成表示成与同时代原始地幔铅的相对偏差 $\Delta\alpha$、$\Delta\beta$ 和 $\Delta\gamma$，并提出矿石铅同位素的 $\Delta\gamma$-$\Delta\beta$ 的成因分类图解（朱炳泉等，1998）。据此，我们计算出研究区单矿物（长石和硫化物）铅与同时代（假设）地幔铅的相对偏差（表5-6），并将这些数据投影于 $\Delta\gamma$-$\Delta\beta$ 图解（图5-15），从该图可以看出，哈播富碱侵入岩体四个单元的花岗岩样品基本分布于岩浆作用 3a 区域（图5-15a），表明其属于上地壳与地幔混合的俯冲带铅，这与上文用 μ 值得到的认识一致；研究区金矿-铅锌矿床大部分投影点也落入哈播富碱侵入岩体区域（图5-15b），少部分样品落入 2 区域，表明这些矿床中铅以上地壳与地幔混合的俯冲带铅为主，并混有部分上地壳铅，仅混入比例有所差异，具体如下：（1）哈播金矿和哈埂金矿样品投影点均落入 3a 区域，其岩浆作用成矿的特征非常明显，其中铅属于上地壳与

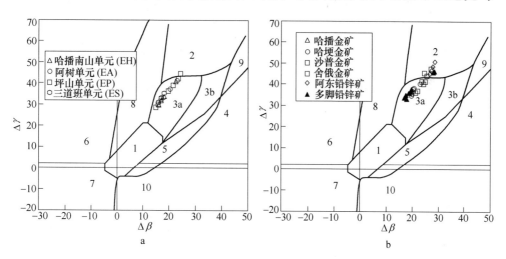

图5-15　哈播富碱侵入岩体及其周边金-铅锌矿床铅同位素的 $\Delta\gamma$-$\Delta\beta$ 的成因分类图解

（底图据朱炳泉等，1998）

1—地幔源铅；2—上地壳源铅；3—上地壳与地幔混合的俯冲带铅（3a—岩浆作用，3b—沉积作用）；

4—化学沉积型铅；5—海底热水作用铅；6—中深变质作用铅；7—深变质作用下地壳铅；

8—造山带铅；9—古老页岩上地壳铅；10—退变质作用铅

地幔混合的俯冲带的深源铅；（2）舍俄金矿和沙普金矿样品基本落在 3a 区域，少部分落在 2 区域，表明这两个矿床的铅主要来自深部上地壳与地幔，有少量上地壳铅的混入；（3）阿东铅锌矿和多脚铅锌矿样品与上述金矿有一定差异，其投影点均落入 2 区域，暗示其以上地壳铅为主，这与前述得到的认识基本吻合。另从 μ-Th/U 相关性图解（图 5-16）可以看出哈播富碱侵入岩体及其周边矿床投影点呈较好的正相关关系，说明二者具有相同的成矿物质来源。

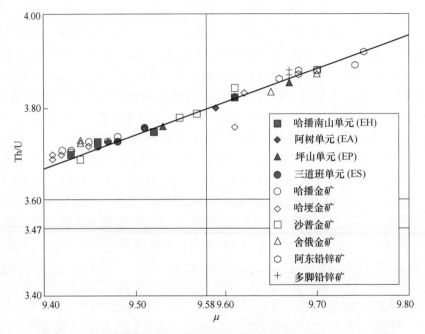

图 5-16　哈播富碱侵入岩体及其周边金-铅锌矿床铅 μ-Th/U 相关性图解

综上所述，从上述铅同位素研究结果可以得到以下认识：

（1）哈播富碱侵入岩体铅同位素组成总体上变化较小，铅同位素比值较为集中，属于地幔与下地壳混合的深源铅，仅少量坪山单元样品表现出上地壳来源铅特征。

（2）研究区矿床铅同位素组成变化范围相对较小，特别是金矿床铅同位素组成基本与哈播岩体一致，除阿东铅锌矿变化相对较大外，其余矿床的铅同位素比值也较为集中，表明这些矿床中铅的来源是一致的，以地幔与下地壳混合的深源铅为主，它们可能形成于相同的地质作用。其中，哈播金矿铅来源于地幔与下地壳混合的深源铅；哈埂金矿铅、沙普金矿和舍俄金矿铅多来源于地幔与下地壳混合的深源铅，少量来源于上地壳（或地层）；阿东铅锌矿和多脚铅锌矿铅的壳源特征相对较明显。

（3）研究区矿床与哈播富碱侵入岩体关系密切，具有相似的铅来源，以地幔与下地壳混合的深源铅为主，各矿床主要成矿物质来源与哈播富碱侵入岩体相同，仅一些矿床（特别是铅锌矿床）在成矿过程中上地壳物质的混入比例不同而导致其铅同位素组成上有一定差异。

5.5　成矿时代

前人对研究区位于哈播富碱侵入岩体内的哈播斑岩型铜-钼-金矿床的研究表明，该矿床辉钼矿 Re-Os 模式年龄为 35.47Ma±0.16Ma（祝向平等，2009），结合前述对哈播富碱侵入岩体及其周边金-铅锌矿床得出的地质与地球化学研究结论，我们认为哈播富碱侵入岩体、哈播斑岩型铜-钼-金矿床、哈播地区金矿床（包括哈播金矿、哈埂金矿、沙普金矿及舍俄金矿）及铅锌矿床（包括阿东铅锌矿及多脚铅锌矿）的成岩成矿是一个连续的过程。本次研究的金矿床及铅锌矿床成矿时代应属于喜山期，其成矿时代稍晚于哈播斑岩型铜-钼-金矿床。

5.6　小结

（1）研究区金-铅锌矿床与哈播富碱侵入岩体有着相似的稀土元素配分图解，表明二者经历了相似的地球化学过程，具有相同的物质来源。

（2）流体包裹体研究表明，研究区金矿床成矿温度相对较高，而铅锌矿床成矿温度相对较低，所有矿床流体盐度总体位于10%附近，主要还是属于中等盐度流体。而包裹体温度随着矿床与哈播富碱侵入岩体空间关系的变化也显示出从金矿到铅锌矿依次递减的效应，这暗示金-铅锌矿床成矿流体属于同一流体。

（3）硫同位素研究结果表明，研究区金-铅矿矿床硫同位素值位于-4‰~4‰之间，暗示其成矿物质主要为岩浆来源。而硫同位素值从金矿到铅锌矿的递减效应则暗示二者具有相同物质来源，流体在搬运和矿质沉淀过程中硫同位素的分馏效应导致了递减效应的形成。

（4）铅同位素研究表明，总体上哈播富碱侵入岩体与其周边金-铅锌矿床具有相似的铅来源，以地幔与下地壳混合的深源铅为主，仅一些矿床（特别是铅锌矿床）在成矿过程中上地壳物质的混入比例不同而导致其铅同位素组成上有一定差异。

（5）研究区成岩成矿年代学对比研究表明，区内金矿床及铅锌矿床成矿时代属于喜山期，其成矿时代稍晚于哈播斑岩型铜-钼-金矿床。

6 矿床成因

6.1 成矿地质背景

金沙江-哀牢山富碱斑岩带是我国重要的喜马拉雅金矿带，研究区位于该富碱斑岩带南段，是有利的 Au 成矿远景区。哀牢山断裂带喜马拉雅期发生大型左旋剪切和造山活动的观点已为众多学者所认可，该观点（Peltzer and Tapponnier，1988；Tapponnier et al.，1986）认为喜山期印度与欧亚板块的碰撞，不仅形成了喜马拉雅山和青藏高原，而且沿着大型走滑断裂带——红河断裂带还产生了地壳断块的侧向挤出，如中国南海是在 32~17Ma 期间，红河断裂带左旋走滑运动产生的拉张盆地。其中，红河剪切带主要在红河断裂西侧印支板块发生左旋剪切和强烈的变质变形，使得哀牢山在喜山期发生强烈的造山运动，形成现今的哀牢山地貌（钟大赉等，1989）。该左旋剪切始于 58~56Ma，已有的研究表明，金沙江-哀牢山富碱斑岩带成矿时代主要集中在 50~30Ma，表明该区成矿作用发生于喜山期该区印支板块与杨子板块初始碰撞之后，可见，金沙江-哀牢山金矿带大规模成矿作用与同期的强烈剪切造山活动密切相关。

哀牢山位于古杨子板块与印度板块缝合地带，区内 NW 向近于平行的红河、哀牢山和九甲-墨江断裂构成哀牢山断裂带，是世界上著名的构造岩浆带之一，沿该断裂带出露一系列喜山期富碱斑岩，并广泛分布有与之密切相关的金矿床，如镇沅老王寨金矿（接近超大型）、墨江金矿、大坪金矿和长安金矿等，前人对此展开过众多研究，并积累了丰富的研究成果。已有的研究认为本区金成矿作用具有以下特征：

（1）成矿物质来源：关于金的来源争议较大，不同的学者提出了地层（和中华等，2008；李定谋等，2000；胡瑞忠等，1999）、蛇绿混杂岩（边千稻，1998）、基性-超基性岩（毕献武等，1998）、硅质岩（毕献武，1998）等是本区金矿的主要物源区，但这些推测多以围岩中 Au 丰度对比作为依据。事实上，哀牢山地区区域内各类浅变质岩 Au 背景值（10ppb 左右）较低，成为 Au 的源岩的可能性较小，结合深源流体对本区 Au 成矿作用的影响，Au 的来源可能主要是深源流体从深部沿高渗透断裂带向上运移过程中，从含 Au 岩体中活化出 Au 的（何明有等，1997）。

（2）成矿流体的来源：通过一系列矿床围岩和矿石之间 S、Pb、C、Sr 及 H-O 同位素和稀土元素的对比研究，认为本区金矿床中成矿流体主要为岩浆水（与喜山期中酸性侵入岩有关）或深源流体（胡瑞忠等，1999；韩润生等，1997），并有大量大气降水的混合。其成矿热液属于 $NaCl-H_2O-SO_4^{2-}$ 体系，富含 CO_2，具有中低温、弱碱性-偏中性、具有相对还原性和中低盐度特征（熊德信等，2007；黄智龙等，1999）。

（3）成矿时代：尽管本区金矿成矿时代存在一定的争议，但喜山期成矿基本为大家所公认，研究表明老王寨金矿、墨江金矿、大坪金矿和长安金矿成矿时代分别为 46.5Ma（毕献武等，1996）、46.67Ma（毕献武等，1996）、33.76Ma（熊德信等，2007）和 32Ma（田广，2014），从北向南，成矿时代有变年轻的趋势。

（4）矿化类型：矿化受 NW 向断裂构造控制明显，深部金矿床以石英脉为主，如大坪金矿（熊德信等，2007），而浅层金矿床则为破碎带蚀变岩型+石英脉型，如墨江金矿（毕献武等，1996）、老王寨金矿（张闯等，2012）和长安金矿等（田广，2014）。

（5）基性脉岩：矿体附近均伴生有喜山期煌斑岩等基性岩脉，成矿与喜山期煌斑岩等基性岩浆活动有一定成因联系，即成矿流体中幔源物质源于与这些基性岩脉成因相关的上地幔部分熔融产生的岩浆去气作用形成的流体，而其中下地壳流体源于上地幔部分熔融引起下地壳变质脱水形成的流体（熊德信等，2007）。

（6）喜山期富碱斑岩：几乎所有金矿床与喜山期富碱斑岩存在空间和成因上的密切关系，仅墨江金矿与超基性岩有关（毕献武等，1998）。与金等矿化有关的斑岩多为一套以富碱（K_2O+Na_2O 含量大于 8%）为特征的从基性到中酸性的岩石系列，包括二长花岗斑岩、二长斑岩和少量正长斑岩组合，呈小岩株产出，多为多期次侵入的复式岩体。在复式岩体中，矿化多与中晚阶段侵入的偏酸性斑岩密切相关，斑岩成矿通常出现在含矿斑岩最晚次侵入前 1~3Ma（Hou et al.，2003）。空间上，由西向东，由偏基性向偏酸性和碱性变化；自北而南，由二长花岗斑岩向正长斑岩递变。时间上，区内富碱岩浆活动主体形成于 50~20Ma，集中于 33~38Ma，与区域金多金属成矿作用发生的高峰期完全一致（王登红等，2004）。

这些富碱岩体相对富集 LILE（K、Rb、Ba 和 Sr 等）、亏损 HFSE（Nb、Ta、P 和 Ti 等），La/Ce、Ce/Nd 和 Sm/Nd 比值分别在 0.40~0.63、1.88~2.81 和 0.11~0.20 之间，岩浆源区具有壳幔混源的地球化学特征（Hou et al.，2007），稀土总量较高，Eu 异常不明显~弱负异常，其稀土配分模式呈右倾的近平滑配分曲线（LREE 富集，LREE 和 HREE 强烈分馏），显示岩浆源区部分熔融和壳幔混合的特征（Hou et al.，2007）；该类岩石 $^{206}Pb/^{204}Pb$、$^{207}Pb/^{204}Pb$ 和 $^{208}Pb/^{204}Pb$ 分别在 18.094~18.644、15.537~15.709 和 38.566~39.094 之间，$\delta^{18}O = 7.72‰~8.61‰$，$\delta^{34}S = 1.7‰~6.6‰$，$\delta^{30}Si = 0.0‰~0.4‰$，表现出深部来源的特征（吕伯西等，1999；邓万明等，1998a；张玉泉等，1997）；具有较高的

$^{87}Sr/^{86}Sr$ 比值（0.7054~0.7111）和低的 εNd（t）值（-6.75~1.68），$^{143}Nd/^{144}Nd$ =0.512319~0.512573，表明其源区为具有富集地幔 II 型地球化学特点的壳幔混合带（邓万明等，1998；Turner et al.，1996）；许多富碱斑岩，特别是不含矿岩体，常含有丰富的地幔包体（石榴石透辉岩和石榴石辉石岩）和下地壳包体（石榴石透辉角闪岩和麻粒岩），前者来源于上地幔 87~95km，后者来源于加厚下地壳底部 45~55km（吕伯西等，1999）。

因此，滇西富碱斑岩最可能的岩浆源区形成模式是在古特提斯构造演化过程中，来自古俯冲板片的古老基底或古俯冲带形成时带入的地壳物质和大洋沉积物以再循环的方式参与了深部的混合作用，形成富集地幔源区。之后，伴随白垩纪末期开始的新特提斯闭合以及随之发生的印度-欧亚大陆之间的俯冲和碰撞，青藏高原及其邻区（包括滇西地区）岩石圈大幅度缩短加厚，岩浆源区于新生代早期逐渐连通而成型，并在上升至壳幔混合带时遭受部分熔融（邓军等，2010a）。

基于上述研究成果，金沙江-哀牢山金大规模成矿被认为在喜山期该区印支板块与杨子板块初始碰撞之后，发生同期强烈剪切造山活动，与在构造动力体制转换过程中的壳幔物质强烈交换及构造变形密切相关（杨立强等，2011；熊德信等，2007）。

6.2 成矿物质来源

成矿物质来源是确定矿床成因的重要影响因素。研究区哈播富碱侵入岩体及其周边金矿床有着相似的稀土配分模式图，暗示它们有着相同的物质来源；硫同位素研究表明，研究区金-铅锌矿床具有明显的岩浆硫特征，而硫同位素值从金矿到铅锌矿的递减效应则暗示二者具有相同物质来源，流体在搬运和矿质沉淀过程中硫同位素的分馏效应导致了递减效应的形成；铅同位素研究表明，总体上哈播富碱侵入岩体与其周边金-铅锌矿床具有相似的铅来源，以地幔与下地壳混合的深源铅为主，仅一些矿床（特别是铅锌矿床）在成矿过程中上地壳物质的混入比例不同而导致其铅同位素组成上有一定差异。前人研究已经表明，哀牢山地区区域内各类浅变质岩 Au 背景值（10ppb 左右）较低，研究区最重要的构造岩层马邓岩群就属于哀牢山地区浅变质岩，而该岩层恰好是研究区金-铅锌矿床的赋矿围岩，虽说其 Au 背景值较低，但如若该变质岩层内发生大规模围岩蚀变而导致大规模流体迁移活动，形成相当规模的金矿床是完全有可能的。研究区金-铅锌矿床地质观察研究表明，各矿床赋矿围岩蚀变都是小范围的，均未见大规模围岩蚀变，因此，研究区金-铅锌矿床主要成矿物质不可能来源于赋矿围岩，但是局部可能存在围岩混染的情况。

综上所述，研究区金-铅锌矿床与哈播富碱侵入岩体有着相同的物质来源，各矿床成矿物质来源于岩浆上侵形成哈播富碱侵入岩体时分异出的含矿流体。

6.3 成矿流体特征

成矿流体具有中低温、中等盐度特征，略低于哈播斑岩型 Cu-Mo(Au) 矿床（祝向平等，2012），从阿东铅锌矿（180~200℃，7.5%~9.5%NaCl eq.）、多脚铅锌矿（225~250℃，8.5%~10.5%NaCl eq.）、舍俄金矿（250~300℃，6.3%~9.3%NaCl eq.）、泽尼金矿（275~325℃，7.7%~10.9%NaCl eq.）、哈埂金矿（300~350℃，10.2%~12.1% NaCl eq.）到哈播金矿（325~350℃，10.3%~12.3% NaCl eq.），成矿流体温度升高和盐度升高趋势明显，这与喜山期哈播富碱侵入岩体的空间距离基本相对应，暗示这些矿床的形成与哈播岩体关系密切。距离岩体较近的矿化以金为主，其成矿流体温度和盐度相对较高；而离岩体距离较远的则以铅锌矿化为主，其成矿流体温度和盐度相对较低。此外，多个矿床出现高（中）温与低温流体包裹体共存现象，均一温度变化范围相对较大，这可能是成矿流体属于两种不同性质流体的混合所致，包括岩浆热液和地层水（大气降水），各矿床不同性质流体混合的比例显然存在一定差异。

6.4 成岩与成矿时代

地质地球化学研究结果表明，哈播富碱侵入岩体坪山单元、三道班单元、阿树单元和南山单元侵入时代分别为 39.1~36.5Ma、35.41Ma±0.34Ma、36.88Ma±0.65Ma 和 33.53Ma±0.35Ma，属喜山期，这个时代与区域上喜山期富碱斑岩侵入峰期的时代是吻合的。

前人对研究区位于哈播富碱侵入岩体内的哈播斑岩型铜-钼-金矿床的研究表明，该矿床辉钼矿 Re-Os 模式年龄为 35.47Ma±0.16Ma（祝向平等，2009），结合前述对哈播富碱侵入岩体及其周边金-铅锌矿床得出的地质与地球化学研究结论，我们认为哈播富碱侵入岩体、哈播斑岩型铜-钼-金矿床、哈播地区金矿床（包括哈播金矿、哈埂金矿、沙普金矿及舍俄金矿）及铅锌矿床（包括阿东铅锌矿及多脚铅锌矿）的成岩成矿是一个连续的过程。本次研究的金矿床及铅锌矿床成矿时代应属于喜山期，其成矿时代稍晚于哈播斑岩型铜-钼-金矿床。

6.5 控矿地质因素

研究区成矿作用与地层、构造及岩浆活动有着密切的内在关系，三者的共同作用促成了研究区一系列金-铅锌矿床的形成。

6.5.1 地层

研究区金-铅锌矿床赋矿地层为古生代马邓岩群 b-c 段，该地层岩性为一套呈间层状的灰至深灰色绢云石英千枚岩、含黄铁矿结晶硅质灰岩、变质石英砂岩为主，间夹条带状含碳泥质硅质岩、绢云千枚状板岩、硅质板岩和炭质绢云千枚岩为特征，各岩性层之间多为断层接触，并且具间隔状糜棱岩化，碳酸盐岩、硅质岩及炭质多呈似层状、透镜状展布。前述研究已经表明，该地层并未给研究区金-铅锌矿床提供成矿物质，其主要作用还是储存成矿物质。

6.5.2　构造

区域主体构造为 NE 向，主要有九甲断裂、藤条江断裂及哀牢山断裂。欧梅断裂是研究区最大的断裂，走向为 315°，倾角为 70°~80°，倾向为北东，属逆冲断层，该断层控制了区内哈播富碱侵入岩体的走向及分布。研究区金-铅锌矿床构造控制作用明显，区内构造整体走向 NW，主要控矿及容矿构造为黄草岭断裂、大排断裂、依东断裂、沙普断裂及其次级断裂。

6.5.3　岩浆活动

矿区岩浆岩主要有煌斑岩和富碱斑岩体，煌斑岩普遍存在，但仅为细脉状，前人研究成果表明，"三江"地区煌斑岩与该地区喜山期侵入岩具有同源性（黄智龙等，1997），但是部分矿床的研究表明（如马长箐金矿），煌斑岩并没有起到提供成矿物质的作用，其主要起到"地球化学障"的作用（黄智龙等，1996）。前述研究表明，矿区哈播富碱侵入岩体为矿区金-铅锌矿床的形成提供了重要的热源、成矿流体及物质来源。含矿岩浆运移过程中会形成一个由岩浆内部至岩体周边围岩温度降低的梯度场，该梯度场促使成矿物质向围岩运移并在适合的场所（断裂或围岩层间薄弱带）沉淀成矿。

6.6　矿床成因

研究区位于红河-哀牢山断裂带南段西侧，目前已发现的矿床主要为中小型，除哈播斑岩型铜-钼矿（祝向平等，2012）研究程度相对较高以外，区内金-铅锌矿床研究及勘探程度较低。赵德奎等（2009）认为，哈播金矿成矿物质来源于马邓岩群，哈播富碱侵入岩体仅起到提供热源并活化金的作用。但是上述结论仅根据马邓岩群成矿元素背景值及相关地质现象得来，显然缺乏足够的地球化学证据。而其他矿床（哈埂金矿、沙普金矿、舍俄金矿、多脚铅锌矿及阿东铅锌矿）目前并未见公开发表的关于这些矿床成因研究的报告或者文献。

本次地质及地球化学研究表明：（1）研究区金-铅锌矿床属典型破碎带热液脉型矿床；（2）稀土元素研究表明，区内富碱岩体及金-铅锌矿床有着相似的稀土配分曲线，暗示其物质来源的一致性，区内金矿床 Co/Ni 比值及 Y/Ho 比值表明，金矿床物质来源与岩浆作用有关；（3）硫同位素研究表明，区内金-铅锌矿床硫同位素总体分布在-4‰~4‰之间，具典型岩浆硫特征；（4）铅同位素研究表明，区内金-铅锌矿床与富碱岩体有着相似的投影点，暗示它们具有相同的物质来源，其铅来源具有壳幔混合特征；（5）流体包裹体研究表明，研究区金矿床成矿温度相对较高，而铅锌矿床成矿温度相对较低，所有矿床流体盐度总体位于 10% 附近，主要还是属于中等盐度流体。而包裹体温度随着矿床与哈播富碱侵入岩体空间关系的变化也显示出从金矿到铅锌矿依次递减的效应，这暗示金-铅锌矿床成矿流体属于同一流体。

　　综上所述，研究区金-铅锌矿成矿物质属典型岩浆热液来源，结合前人研究成果综合考虑，我们认为研究区金-铅锌矿床属典型斑岩型矿床，从哈播富碱侵入岩体中心到其周边围岩，其金-铅锌矿床大致展布格局为：哈播斑岩型铜-钼矿（岩体中心）—哈播、哈埂、沙普及舍俄金矿（岩体与围岩接触带）—阿东及多脚铅锌矿（远离岩体的围岩中）。

6.7　成矿模式

　　通过对哈播富碱侵入岩体及其周边金-铅锌矿地质及地球化学研究认为，在喜山期，伴随着大规模的区域构造作用，诱发了富含铜、金、铅、锌等成矿物质的富碱岩浆的上侵，同时，从岩浆中分异出的含矿热液沿着构造断裂发育的马邓岩群变质地层运移，在有利的构造位置富集成矿。结合前人研究成果综合考虑，我们认为研究区金-铅锌矿床属典型斑岩型矿床，从哈播富碱侵入岩体中心到其周边围岩，其金-铅锌矿床大致展布格局为：哈播斑岩型铜-钼矿（岩体中心）—哈播、哈埂、沙普及舍俄金矿（岩体与围岩接触带）—阿东及多脚铅锌矿（远离岩体的围岩中），其成矿模式简图如图6-1所示。

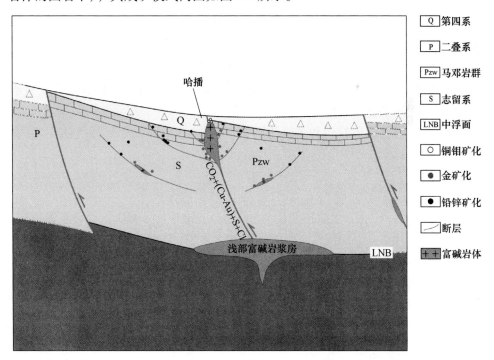

图6-1　研究区金多金属矿床成矿模式简图

6.8　成矿远景区

根据前述研究成果和建立的成矿模式，我们认为哈播地区 Au 与铅锌等多金属矿化均形成于相同的地质事件，它们与喜山期沿 NW 向富碱斑岩（哈播富碱侵入岩体）的侵入活动密切相关，成矿物质以壳幔来源为主，地层混入成分相对较少，其找矿标志包括：

（1）喜山期富碱斑岩体（脉），特别是隐伏岩体凸起部位，岩石相对破碎，有利于成矿物质沉淀富集，而在岩体凹陷部位，更有利于形成接触带型矿体。此外，斑岩中磁铁矿的出现，表明其具有较高的氧逸度，有利于 Au 等多金属矿化。

（2）煌斑岩等基性岩脉及细晶岩脉，这些壳幔物质的出现，表明附近有连通壳幔的深大断裂，成矿物质才可能运移出。

（3）NW 向深大断裂及派生的次级断裂，是深部壳幔物质运移的主要通道和容矿空间，在研究区表现为脆性断裂，Au 等成矿物质主要充填和沉淀于这些断裂带中或附近。此外，从目前的研究程度来看，地层与矿化关系不大，区域矿床赋矿围岩无明显的成矿专属性。

（4）黄铁矿化（褐铁矿化），几乎所有矿床中黄铁矿化非常明显，在地表附近多表现为褐铁矿化。

（5）硅化和方解石化，与金矿化有关的多以硅化为主，而与铅锌多金属矿化有关的则以方解石化为主。

（6）地球化学异常重叠区，如前所述金矿化部位也有弱的 Pb、Zn 和 Cu 矿化，而 Pb-Zn 矿化部位也有一定的 Au 和 Cu 等矿化，因此，多种元素异常重叠区，往往是成矿的有利区域。

综合前人研究成果我们初步认为阿东-堕谷地区以下几个区域（图 6-2）具有较好的成矿远景。

6.8.1　阿东远景区

阿东远景区 Zn 地球化学异常套合（图 6-2）较好，目前仅发现阿东铅锌矿，虽然规模相对较小，但品位较高，该矿床挟持于 NW 向黄草岭断裂和大排断裂之间，控制矿体的 NE 向 F_1 断裂可能属于其派生的次级脆性断裂，我们的研究表明，该矿床成矿与喜山期侵入岩（哈播富碱侵入岩体）密切相关，如哈播富碱侵入岩体向该方向侧伏，则在其深部或 SE 方向有可能找到接触带型多金属矿化或围岩中存在金矿化。

6.8.2　多脚远景区

布格重力异常显示哈播岩体向东侧伏，在 NEE 方向形成岩脊，且有向阿东

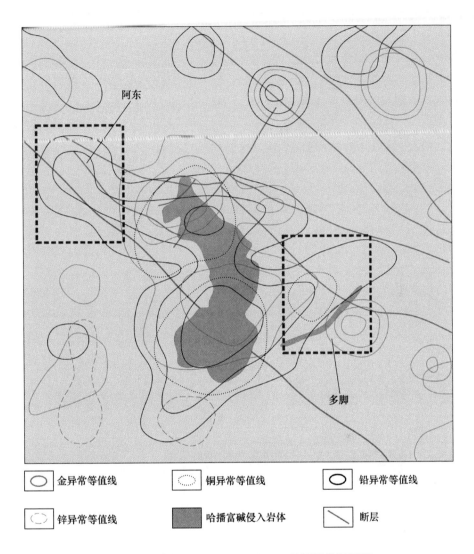

图 6-2　哈播地区 Au、Cu、Pb、Zn 化探异常解译图
（据云南省地质矿产勘查开发局第二地质大队，2014）

方向延伸的趋势（图 6-3）。云南省地质矿产勘查开发局第二地质大队在多脚一带北东向沟谷，发现了出露的哈播岩体阿树单元，其深部可能与哈播岩体连为一体，属于岩基的组成部分。目前所发现的多脚铅锌矿成矿温度较高（250～300℃），NW 向的依东断裂穿过矿区，Au、Pb、Cu 等异常套合较好（图 6-2），附近分布有沙普金矿和龙天铜矿等矿点，结合前述成矿模式，其深部或外围靠近阿树单元隐伏岩脊附近有可能存在类似哈播金矿矿化。

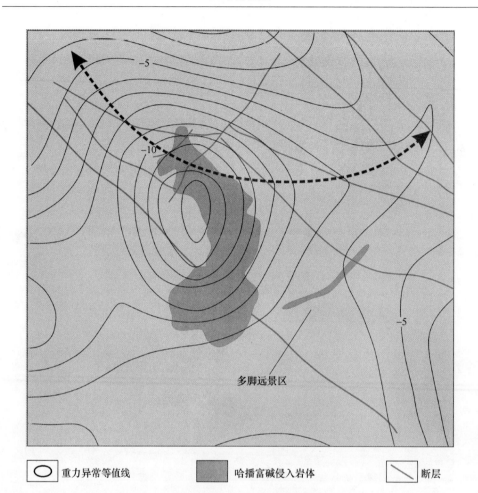

| 重力异常等值线 | 哈播富碱侵入岩体 | 断层 |

图 6-3   哈播富碱侵入岩体区域布格重力异常图

（据云南省地质矿产勘查开发局第二地质大队，2014）

7 结　　论

　　本书对哈播富碱侵入岩体及其周边金 铅锌矿床进行了系统的地质及地球化学研究，取得了一系列较好的成果，同时还存在一些问题有待解决。

7.1　取得成果

　　（1）岩体岩石学及地球化学：哈播富碱侵入岩体主要岩性为辉石角闪正长斑岩、黑云母角闪正长斑岩、角闪碱长正长斑岩及石英正长斑岩，属高钾富碱过铝质岩类；其四个单元轻重稀土分离特征明显，不同单元花岗岩微量和稀土元素特征基本一致，显示其具有相似的来源和演化过程。

　　（2）岩体年代学：LA-ICP-MS 锆石 U-Pb 年代学研究表明，哈播富碱侵入岩体四个单元成岩年龄分别为：坪山单元（36.48Ma ± 0.45Ma）、三道班单元（35.41Ma±0.34Ma）、阿树单元（37.18Ma±0.39Ma）和哈播南山单元（33.53Ma±0.35Ma）。显示出哈播岩体形成于喜山中期，与"三江"地区喜山期典型富碱斑岩形成峰期年龄一致。

　　（3）成岩构造环境：地球化学特征上哈播岩体基本显示出 Ta、Nb 和 Ti 具有"TNT"负异常，显示出俯冲带幔源岩石的成分特点；构造环境分析显示，哈播富碱侵入岩体主要形成于大陆弧环境。

　　（4）矿床微量稀土元素：研究区金-铅锌矿床与哈播富碱侵入岩体有着相似的稀土元素配分图解，表明二者经历了相似的地球化学过程，具有相同的物质来源。

　　（5）流体包裹体：流体包裹体研究表明，研究区金矿床成矿温度相对较高，而铅锌矿床成矿温度相对较低，所有矿床流体盐度总体位于 10% 附近，主要还是属于中等盐度流体。而包裹体温度随着矿床与哈播富碱侵入岩体空间关系的变化也显示出从金矿到铅锌矿依次递减的效应，这暗示金-铅锌矿床成矿流体属于同一流体。

　　（6）硫同位素：硫同位素研究结果表明，研究区金-铅锌矿床硫同位素值位于-4‰~4‰之间，暗示其成矿物质主要为岩浆来源。而硫同位素值从金矿到铅锌矿的递减效应则暗示二者具有相同物质来源，流体在搬运和矿质沉淀过程中硫同位素的分馏效应导致了递减效应的形成。

　　（7）铅同位素：铅同位素研究表明，总体上哈播富碱侵入岩体与其周边金-

铅锌矿床具有相似的铅来源，以地幔与下地壳混合的深源铅为主，仅一些矿床（特别是铅锌矿床）在成矿过程中上地壳物质的混入比例不同而导致其铅同位素组成上有一定差异。

（8）建立成矿模式：通过对哈播富碱侵入岩体及其周边金-铅锌矿地质及地球化学研究认为，在喜山期，伴随着大规模的区域构造作用，诱发了富含铜、金、铅、锌等成矿物质的富碱岩浆的上侵，同时，从岩浆中分异出的含矿热液沿着构造断裂发育的马邓岩群变质地层运移，在有利的构造位置富集成矿。结合前人研究成果综合考虑，我们认为研究区金-铅锌矿床属典型斑岩型矿床，从哈播富碱侵入岩体中心到其周边围岩，其金-铅锌矿床大致展布格局为：哈播斑岩型铜-钼矿（岩体中心）—哈播、哈埂、沙普及舍俄金矿（岩体与围岩接触带）—阿东及多脚铅锌矿（远离岩体的围岩中）。

（9）成矿远景区：根据前述研究成果和建立的成矿模式，我们认为哈播地区 Au 与铅锌等多金属矿化均形成于相同的地质事件，它们与喜山期沿 NW 向富碱斑岩（哈播富碱侵入岩体）的侵入活动密切相关，成矿物质以壳幔来源为主，地层混入成分相对较少，研究区存在明显的找矿标志，结合化探异常及重力异常解译图解，本书认为研究区存在阿东和多脚两处明显成矿远景区。

7.2 存在问题

本书获得了一系列较好的岩体-矿床地质及地球化学研究成果，并基本查明研究区金-铅锌矿床和哈播富碱侵入岩体的成因联系，但是还存在以下问题有待解决：

（1）在进行矿床黄铁矿 Re-Os 成矿年龄研究时，由于样品初测 Re、Os 含量较低，未能获得有效的直接成矿年龄。

（2）本次研究未能系统采集到石英、方解石等用于 C-H-O 同位素研究的合适样品，所以未能对成矿流体来源进行更深入的研究。

参 考 文 献

[1] 毕献武，胡瑞忠，何明友．哀牢山金矿带的成矿时代及其成矿机制探讨 [J]．地质地球化学，1996 (1)：94~97.

[2] 毕献武，胡瑞忠．哀牢山金矿带成矿流体稀土元素地球化学 [J]．地质论评，1998，44 (3)：264~269.

[3] 毕献武．哀牢山金矿带金成矿制约机制探讨 [J]．矿物岩石地球化学通报，1998 (1)·16~19.

[4] 边千韬．地球壳幔结构构造与老王寨超大型金矿床形成关系探索 [J]．中国科学 (D 辑)，1998，28 (4)：303~309.

[5] 毕献武，胡瑞忠，彭建堂，等．姚安和马厂箐富碱侵入岩体的地球化学特征 [J]．岩石学报，2005，21 (1)：113~124.

[6] 杜安道，何红廖，殷万宁，等．辉钼矿的铼-锇同位素地质年龄的测定方法研究 [J]．地质学报，1994，68：339~346.

[7] 邓万明，黄萱，钟大赉．滇西新生代富碱斑岩的岩石特征和成因 [J]．地质科学，1998a，33 (4)：412~425.

[8] 邓军，侯增谦，莫宣学，等．三江特提斯复合造山与成矿作用 [J]．矿床地质，2010a，29 (1)：37~42.

[9] 邓军，杨立强，王长明．三江特提斯复合造山与成矿作用研究进展 [J]．岩石学报，2011，27 (9)：2502~2509.

[10] 管涛，黄智龙，许成，等．云南白马寨镍矿区煌斑岩 40Ar-39Ar 定年和地球化学特征 [J]．岩石学报，2006，22 (4)：873~883.

[11] 郭晓东，邹依林，张勇，等．哀牢山成矿带南段金成矿规律及找矿方向探讨 [J]．地质与资源，2008，17 (4)：264~272.

[12] 黄智龙，王联魁．云南老王寨金矿区煌斑岩的地球化学 [J]．地球化学，1996，25 (3)：255~263.

[13] 黄智龙，王联魁．云南老王寨金矿煌斑岩地球化学研究中的某些问题——与宋新宇等同志商榷 [J]．矿物岩石，1997，17 (2)：102~109.

[14] 胡瑞忠，毕献武．马厂箐铜矿床黄铁矿流体包裹体 He-Ar 同位素体系 [J]．中国科学 (D 辑)，1997，27 (6)：504~508.

[15] 何明友，胡瑞忠．哀牢山金矿带深源流体及其成矿作用 [J]．成都理工学院学报，1997 (1)：73~77.

[16] 韩润生，金世昌，雷丽．云南元阳大坪改造型金矿床的成矿热液系统地球化学 [J]．矿物学报，1997，17 (3)：218~222.

[17] 胡瑞忠，毕献武，Tunner G，等．哀牢山成矿带成矿流体的 He-Ar 同位素地球化学 [J]．中国科学 (D 辑)，1999，29 (4)：321~330.

[18] 黄智龙，刘丛强，朱成明．云南老王寨金矿区煌斑岩成因及其与金矿关系 [M]．北京：地质出版社，1999：1~252.

[19] 韩吟文，马振东，张宏飞，等．地球化学 [M]．北京：地质出版社，2003：46~47.

［20］侯增谦，钟大赉，邓万明．青藏高原东缘斑岩铜钼金成矿带的构造模式［J］．中国地质，2004，31（1）：1~14.

［21］侯增谦，潘桂棠，王安建，等．青藏高原碰撞造山带：Ⅱ晚碰撞转换成矿作用［J］．矿床地质，2006，25（5）：521~543.

［22］侯增谦，王二七，莫宣学，等．青藏高原碰撞造山与成矿作用［M］．北京：地质出版社，2008.

［23］和中华，王勇，莫宣学，等．云南金平长安金矿成矿物质来源——来自矿石及地层、岩浆岩的成矿元素含量证据［J］．东华理工大学学报，2008，31（3）：207~212.

［24］黄元有，冉灿，吕许朋．云南元阳-马关地区布格重力异常及其找矿意义［J］．云南地质，2011，30（3）：336~339.

［25］何海蛟．元阳县依里铅锌铜多金属矿床地质特征及成因分析［J］．百科论坛，2011.

［26］和文言，喻学惠，莫宣学，等．滇西北衙多金属矿田矿床成因类型及其与富碱斑岩关系初探［J］．岩石学报，2012，28（5）：1401~1412.

［27］季建清，钟大赉，张连生．滇西南新生代走滑断裂运动学、年代学及对青藏高原东南部块体运动的意义［J］．地质科学，2000，35（3）：336~349.

［28］姜耀辉，蒋少涌，凌洪飞，等．陆-陆碰撞造山环境下含铜斑岩岩石成因：以藏东玉龙斑岩铜矿带为例［J］．岩石学报，2006a，22：697~706.

［29］刘英俊，曹励明，李兆麟，等．元素地球化学［M］．北京：科学出版社，1984：360~420.

［30］刘增乾，李兴振，叶庆同．三江地区构造岩浆带的划分与矿产分布规律［M］．北京：地质出版社，1993：1~246.

［31］刘颖，刘海臣，李献华．用 ICP-MS 准确测定岩石样品中的 40 余种微量元素［J］．地球化学，1996，25（6）：552~558.

［32］吕伯西，钱祥贵．滇西新生代碱性火山岩、富碱斑岩深源包体岩石学研究［J］．云南地质，1999，18（2）：127~143.

［33］李兴振，刘文均，王义昭，等．西南三江地区特提斯构造演化与成矿［M］．北京：地质出版社，1999.

［34］李定谋，李保华．云南哀牢山金矿床的成矿条件［J］．沉积与特提斯地质，2000（1）：17~22.

［35］李龙，郑永飞，周建波．中国大陆地壳铅同位素演化的动力学模型［J］．岩石学报，2001，17（1）：61~68.

［36］梁华英．青藏高原东南缘斑岩铜矿成岩成矿研究取得新进展［J］．矿床地质，2002a，21（4）：365.

［37］梁华英，谢应雯，张玉泉，等．富钾碱性岩体形成演化对铜矿成矿制约——以马厂箐铜矿为例［J］．自然科学进展，2004，14（1）：116~120.

［38］梁业恒，孙晓明，石贵勇，等．云南哀牢山老王寨大型造山型金矿成矿流体地球化学［J］．岩石学报，2011，27（9）：2533~2540.

［39］马鸿文．论藏东玉龙斑岩铜矿带岩浆侵入时代［J］．地球化学，1990，3：210~216.

［40］莫宣学，潘桂棠．从特提斯到青藏高原形成：构造-岩浆事件的约束［J］．地学前缘，

2006, 13 (6): 43~51.

[41] 毛光周, 华仁民, 高剑峰, 等. 江西金山金矿床含金黄铁矿的稀土元素和微量元素特征 [M]. 矿床地质, 2006, 25 (4): 412~426.

[42] 潘桂棠, 徐强, 侯增谦, 等. 西南三江多岛弧造山过程成矿系统与资源评价 [M]. 北京: 地质出版社, 2003.

[43] 彭建堂, 毕献武, 胡瑞忠, 等. 滇西马厂箐斑岩铜 (钼) 矿床成岩成矿时限的厘定[J]. 矿物学报, 2005, 25 (1): 70~74.

[44] 荣惠锋, 李良云, 周世平, 等. 岩甲正常斑岩接触带金矿成矿地质条件分析 [J]. 矿产与地质, 2004, 18 (3): 236~239.

[45] 唐仁鲤, 罗怀松. 西藏玉龙斑岩铜 (铝) 矿带地质 [M]. 北京: 地质出版社, 1995: 320.

[46] 田广, 张长青, 彭惠娟, 等. 哀牢山长安金矿成因机制及动力学背景初探: 来自 LA-ICP-MS 锆石 U-Pb 定年和黄铁矿原位微量元素测定的证据 [J]. 岩石学报, 2014, 30 (1): 25~38.

[47] 王登红, 屈文俊, 李志伟, 等. 金沙江-红河成矿带斑岩铜钼矿的成矿集中期: Re-Os 同位素定年 [J]. 中国科学 (D 辑), 2004, 34 (4): 345~349.

[48] 徐利果, 刘玉平, 徐伟, 等. SHRIMP 锆石年代学对西藏玉龙斑岩铜矿成矿年龄的制约 [J]. 岩石学报, 2006, 22: 1009~1016.

[49] 熊德信, 孙晓明, 石贵勇. 云南哀牢山喜山期造山型金矿带矿床地球化学及成矿模式 [M]. 北京: 地质出版社, 2007: 1~144.

[50] 薛传东, 侯增谦, 刘星, 等. 滇西北北衙金多金属矿田的成岩成矿作用: 对印-亚碰撞造山过程的响应 [J]. 岩石学报, 2008, 24 (3): 458~472.

[51] 徐荣, 张保龙, 李高良. 云南绿春地区金多金属矿成矿背景及找矿方向 [J]. 云南地质, 2012, 31 (4): 434~437.

[52] 喻学惠, 莫宣学, 赵欣. 滇西地区新生代富碱斑岩和碱性火山岩中的深源岩石包体及滇西地区新生代岩石圈结构 [R]. 中国会议, 2004.

[53] 杨立强, 邓军, 赵凯, 等. 哀牢山造山带金矿成矿时序及其动力学背景探讨 [J]. 岩石学报, 2011, 27 (9): 2519~2532.

[54] 张玉泉, 谢应雯, 涂光炽. 哀牢山-金沙江富碱侵入岩及其与裂谷构造关系初步研究 [J]. 岩石学报, 1987, 3 (1): 17~25.

[55] 钟大赉, Tapponnier P, 吴海威. 大型走滑断裂-碰撞后陆内变形的重要方式 [J]. 科学通报, 1989, 34: 525~529.

[56] 钟大赉, 丁林. 青藏高原的隆起过程及其机制探讨 [J]. 中国科学 (D 辑), 1996, 26 (4): 289~295.

[57] 张玉泉, 谢应雯, 涂光炽. 哀牢山-金沙江富碱侵入岩年代学和 Nd, Sr 同位素特征 [J]. 中国科学 (D 辑), 1997, 27: 289~293.

[58] 钟大赉. 滨川西部古特提斯造山带 [M]. 北京: 科学出版社, 1998.

[59] 朱炳泉. 地球科学中同位素体系理论与应用——兼论中国大陆地壳演化 [M]. 北京: 科学出版社, 1998.

［60］ 张乾，潘家永，邵树勋．中国某些金属矿床矿石铅来源的铅同位素诠释［J］．地球化学，2000，29（3）：231～238．

［61］ 郑永飞，陈江峰．稳定同位素地球化学［M］．北京：科学出版社，2000．

［62］ 张志斌，刘发刚，包佳凤．哀牢山造山带构造演化［J］．云南地质，2005，24（1）：137～141．

［63］ 赵葵东．华南两类不同成因锡矿床同位素地球化学及成矿机理研究——以广西大厂和湖南芙蓉锡矿为例［D］．南京：南京大学，2005：39～51．

［64］ 张进江，钟大赉，桑海清，等．哀牢山-红河构造带古新世以来多期活动的构造和年代学证据［J］．地质科学，2006，41（2）：291～310．

［65］ 祝向平，莫宣学，张波，等．云南哈播斑岩型铜（-钼-金）矿床地质与成矿背景研究［J］．地质学报，2009，83（12）：1916～1927．

［66］ 赵德奎，汪梅生，薛怀友，等．云南元阳哈播金矿地质特征及成因分析［J］．地质学刊，2009，33（3）：230～234．

［67］ 张俊，刘晓燕，周德荣．元阳采山坪铜矿矿床成因［J］．云南地质，2011，30（3）：308～311．

［68］ 祝向平，莫宣学，张波，等．云南哈播斑岩型铜（-钼-金）矿床流体包裹体研究［J］．矿床地质，2012，31（4）：839～849．

［69］ 张闯，杨立强，赵凯，等．滇西哀牢山老王寨金矿床控矿构造样式［J］．岩石学报，2012，28（12）：4110～4124．

［70］ Allen C R, Gillepsie A R, Han Y, et al. Red River and associated faults, Yunnan Province, China: Quaternary geology, slip rate, and seismic hazard [J]. Geol. Soc. Amer. Bull, 1984, 95: 686~700.

［71］ Bajwah Z U, Seccombe P K, Offler R. Trace elementdistribution, Co: Ni ratios and genesis of the big Cadia iron-copperdeposit, New South Wales, Australia [J]. Mineralium Deposita, 1987, 22 (4): 292~300.

［72］ Brill B A. Trace-element contents and partitioning of elements inore minerals from the CSA Cu-Pb-Zn deposit, Australia, andimplications for ore genesis [J]. Canadian Mineralogist, 1989, 27 (2): 263~274.

［73］ Bau M, Dulski P. Comparative study of yttrium and rare-earthelement behaviours in fluorine-rich hydrothermalfluids [J]. Contributions to Mineralogy and Petrology, 1995, 119 (2~3): 213~223.

［74］ Bau M. Controls on the fractionation of isovalent trace elements in magmatic and aqueous systems: evidence from Y/Ho, Zr/Hf and lanthanide tetrad effect [J]. Contrib Mineral Petrol, 1996, 123: 323~333.

［75］ Chung S L, Lee T Y, Lo C H, et al. Intraplate extension prior to continental extrusion along the Ailaoshan-Red River shear zone [J]. Geology, 1997, 25: 311~314.

［76］ Canals A, Cardellach E. Ore lead and sulphur isotope patternfrom the low-temperature veins of the Calalonian Coastal Ranges (NE Spain) [J]. Mineralium Deposita, 1997, 32: 243~249.

［77］ Chung S L, Lo C H, Lee T Y. Diachronous uplift of the Tibetan Plateau starting 40 Myr ago

[J]. Nature, 1998, 394: 769~773.

[78] Douville E, Bienvenu P, Charlou J L, et al. Yittrium and rare earth elements in fluids from various deep-sea hydroyhermal systems [J]. Geochim Cosmochim Acta, 1999, 63: 627~643.

[79] Gilley L D, Harrison T M, Leloup P H, et al. Direct dating of left-lateral deformation along the Red River shear zone, China and Vietnam [J]. Journal of Geophysical Research, 2003, 108 (B2): 2127.

[80] Harrison T M, Leloup P H, Ryerson F J, et al. Diachronous initiation of transtension along the Ailao Shan-Red River shear zone, Yunnan and Vietnam [C]. In: Yin A and Harrison TM. eds. The Tectonic Evolution of Asia. New York: Cambridge University Press, 1996: 208~226.

[81] Hou Z Q, Ma H W, Khin Z, Zhang Y Q. The Himalayan Yulong porphyry copper belt: produced by largescale strike- slip faulting at Eastern Tibet [J]. Economic Geology, 2003, 98: 125~145.

[82] Hu R Z, Burnard P G, Bi X W. Helium and argon isotope geochemistry of alkaline intrusion-associated gold and copper deposits along the Red River-Jinshajiang fault belt, SW China [J]. Chemical Geology, 2004, 203: 305~317.

[83] Hou Z Q, Zaw Khin, Pan G T, et al. The Sanjiang Tethyan metallogenesis in S. W. China: Tectonic setting, metallogenic epoch and deposit type [J]. Ore Geology Reviews, 2007, 31 (1~4): 48~87.

[84] Ji J Q, Zhong D L, Zhang L S. Kinematics and dating of Cenozoic strike-slip faults in the Tengchong area, west Yunnan: implications for the block movement in the southeastern Tibet Plateau [J]. Chinese Journal of Geology, 2000, 35 (3): 336~349.

[85] Hu Z C, Liu Y S, Chen L, et al. Contrasting matrix induced elemental fractionation in NIST SRM and rock glasses during laser ablation ICP-MS analysis at high spatial resolution [J]. Journal of Analytical Atomic Spectrometry, 2011, 26 (2): 425~430.

[86] Keppler H. Constraints from partitioning experiments on the composition of subduction-zone fluids [J]. Nature, 1996, 380 (6571): 237~240.

[87] Leloup P H, Harrison T M, Ryerson F J, et al. Structural, petrological and thermal evolution of a Tertiary ductile strike-slip shear zone, Diancang Shan, Yunnan [J]. Journal of Geophysical Research, 1993, 98: 6715~6743.

[88] Leloup P H, Lacassin R, Tapponnier P, et al. The Ailao Shan-Red River shear zone (Yunnan, China), Tertiary transform boundary of Indochina [J]. Tectonophysics, 1995, 251: 3~84.

[89] Leloup P H, Arnaud N, Lacassin R, et al. New constraints on the structure, thermochronology and timing of the Ailao Shan-Red River shear zone [J]. Journal of Geophysical Research, 2001, 106: 6683~6732.

[90] Liu Y S, Hu Z C, Zong K Q, et al. Reappraisement and refinement of zircon U-Pb isotope and trace element analyses by LA-ICP-MS [J]. Chinese Science Bulletin, 2010a, 55 (15): 1535 ~1546.

[91] Liu Y S, Gao S, Hu Z C, et al. Continental and oceanic crust recycling-induced melt-peridotite interactions in the trans-north China Orogen: U-Pb dating, Hf isotopes and trace elements in

Zircons from Mantle Xenoliths [J]. Journal of Petrology, 2010b, 51 (1~2): 537~571.

[92] Morrison G W. Characteristics and tectonic setting of the shoshonite rock association [J]. Lithos, 1980, 13 (1): 97~108.

[93] Müller D, Rock N M S, Groves D I. Geochemical discrimination between shoshonite and settings: a pilot study [J]. Mineral Petrol, 1992, 46: 259~289.

[94] Müller D, Morris B J, Farrand M G. Potassic alkaline lamprophyres with affinities to lamproites from the Karinya Syncline, South Australia [J]. Lithos, 1993a, 30 (2): 123~137.

[95] Müller D, Groves D I. Direct and indirect associations between potassic igneous rocks, shoshonites and gold-copper deposits [J]. Ore Geology Reviews, 1993b, 8: 383~406.

[96] Mao G Z, Hua R M, Gao J F, et al. Existing forms of REE in gold-bearing pyrite of the Jinshan gold deposit, Jiangxi Province, China [J]. Journal of Rare Earths, 2009, 27 (6) : 1079 ~1087.

[97] Ohmoto H. Stable isotope geochemistry of ore deposits [J]. Reviews in Mineralogy, 1986, 6: 491~559.

[98] Oreskes N, Einaudi M T. Origin of rare earth element-enriched hematite breccias at the Olympic Dam Cu-U-Au-Ag deposit, Roxby Downs, South Australia [J]. Economic Geology, 1990, 85: 1~28.

[99] Peltzer G, Tapponnier P. Formation and evolution of strike-slip faults, rifts, and basins during the India-Asia collision: An experimental approach [J]. Journal of Geophysical Research: Solid Earth, 1978~2012, 93 (B12): 15085~15117.

[100] Qi L, Grégoire D C. Determination of trace elements in twenty six chinese geochemistry reference materials by inductively coupled plasma-mass spectrometry [J]. Geostandards Newsletter, 2000, 24 (1): 51~63.

[101] Ratschbacher L, Frisch W, Chen C, et al. Cenozoic deformation, rotation, and stress patterns in eastern Tibet and western Sichuan, China [C]. In: Yin A and Harrison TM. eds. The Tectonic Evolution of Asia. New York: Cambridge University Press, 1996: 227~249.

[102] Replumaz A, Lacassin R, Tapponnier P, et al. Large river oddsets and Pliocene-Quaternary dextral slip rate on the Red River fault (Yunnan, China) [J]. Journal of Geophysical Research, 2001, 106 (B1) : 819~836.

[103] Shannon R D. Revised values of effective ionic radii [J]. Acta Crystall Sec A, 1976, 32: 751~767.

[104] Sun S S, McDonough W F. Chemical and isotopic systematic of oceanic basalts, implications for mantle composition and processes [C]. In: Sauders A D, Norry M J (eds) . Magmatism in the Ocean Basins. London: Geol. Soc. Spec. Publ, 1989 : 313~345.

[105] Schärer U, Zhang L S, Tapponnier P. Duration of strike-slip movements in large shear zones: the Red River belt, China [J]. Earth and Planetary Science Letters, 1994, 126: 379~397.

[106] Tapponnier P, Peltzer G, Armijo P. On themechanics of the collision between India and Asia [C]. In: Coward M P and Ries A C. eds. Collision Tectonics. Oxford: Blackwell, 1986: 112~157.

[107] Tapponnier P, Lacassin R, Leloup P H, et al. The Ailao Shan /Red River metamorphic belt: Tertiary left-lateral shear between Indochina and South China [C]. Nature, 1990, 343: 431~437.

[108] Turner S, Arnaud N, Liu J Q. Post- collision , shoshonitic volcanism on the Tibetan plateau: implications for convective thinning of the lithosphere and the source of ocean island basalts [C]. Journal of Petrology, 1996, 37: 45~71.

[109] Wang E Q, Burchfiel B C. Interpretation of Cenozoic tectonics in the right-lateral accommodation zone between the Ailaoshan shear zone and the eastern Himalayan syntaxis [C]. Int . Geo. Rev, 1997, 39: 191~219.

[110] Wang J H, Yin A, Harrison T M. A tectonic model for Cenozoic igneous activities in the eastern Indo-Asian collision zone [C] . Earth and Planetary Science Letters, 2001, 188: 123~133.

[111] Wang Q F, Deng J, Huang D H, et al. Deformation model for the Tongling ore cluster region, east central China [C]. International Geology Review, 2011, 53 (5~6): 562~579.

[112] Wang Q F, Deng J, Zhao J C, et al. The fractal relationship between orebody tonnage and thickness [C]. Journal of Geochemical Exploration, 2012, 122: 4~8.

[113] Yaxley G M, Green D H, Kamenetsky V. Carbonatite metasomatism in the southeastern Austrilianlithosphers [C]. Jour. Petrol, 1998, 39: 1917~1930.

[114] Yin A, Harrison T M. Geologic evolution of the Himalayan-Tibetan orogen [C]. Journal of Annual Review of Earth and Planetary Sciences, 2000, 28: 211~280.

[115] Ye L, Nigel J C, Liu Y P. Trace and minor elements in sphalerite from base metal deposits in South China: A LA-ICPMS study [C]. Ore Geology Reviews, 2011, 39 (4): 188~217.

[116] Zartman R E, Doe B R. Plumbotectonics-the model [C] . Tectonophysics, 1981, 75: 135~162.

[117] Zhu B Q. The mapping of geochemical provinces in China based on Pb isotopes [J]. Journal of Geochemical Exploration, 1995, 55: 171~181.

[118] Zhang L S, Schärer U. Age and origin of magmatism along the Cenozoic Red River shear belt, China [J]. Contributions to Mineralogy and Petrology, 1999, 134: 67~83.

[119] Zhang B, Zhang J J, Zhong D L. Strain and kinematic vorticity analysis: An indicator for sinistraltranspressional strain-partitioning along the Lancangjiang shear zone, western Yunnan, China [J]. Science in China (Series D: Earth Sciences), 2009, 52 (5): 602~618.

附 录 图 版

EH-1-1：石英周围绿帘石镶边结构（2.5×，正交）

EH-1-2：长石晶形空洞（2.5×，单偏光）

EH-1-3：绿帘石化残留长石（10×，正交）

EH-1-4：放射状阳起石集合体（20×，正交）

EH-4-1：锆石（10×，单偏光）

EH-4-2：榍石（10×，单偏光）

EH-4-3：条纹长石中具卡氏双晶的角闪石包体（10×，正交）

EH-4-4：岩石的碎裂构造（2.5×，单偏光）

ES-1-1：云辉煌斑的斑状构造（2.5×，单偏光）

ES-1-2：浅绿色柱状辉石（10×，单偏光）

ES-1-3：辉石的两组近于垂直相交的解理（20×，单偏光）

ES-1-4：未知矿物（近圆形，周边为铁质，无色，中等正突起，正交镜下全消光，有时有非常弱的非均质性，可能是均质矿物）（10×，单偏光）

EA-2-1：短柱状辉石（2.5×，单偏光）

EA-2-2：未知矿物（较高正突起，透明度很差，浅褐色，仿佛两组菱形相交的解理，正交镜下基本全消光）（10×，单偏光）

EA-2-3：八边形辉石横切面（10×，单偏光）

EA-2-4：绿帘石、褐帘石集全部（10×，正交）

EP-3-1：花岗闪长斑岩（2.5×，单偏光）

EP-3-2：黄铁矿与暗色矿物关系密切（2.5×，单偏光）

EP-3-3：角闪石的天窗结构（2.5×，正交）

EP-3-4：榍石（10×，正交）

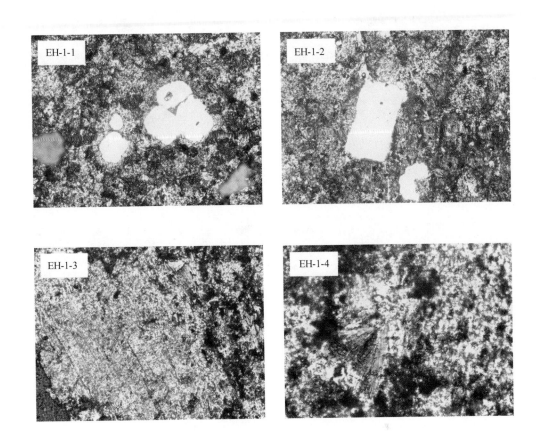

哈播南山单元：强绿帘石化花岗斑岩

　　结构：似斑状结构，他形粒状结构，交代残余结构。

　　矿物构成：岩石非常强烈的蚀变，原岩面目全非，形成变质岩。岩石主要由绿帘石组成，占全岩 80%～90%，少量的石英（2%～5%）、阳起石（5%～10%）和不透明矿物（<1%）。

　　绿帘石细小微粒，好像是交代长石和岩石基质形成。因为绿帘石集合体保留长石板状晶体假象，还残留长石不完全解理及干涉色。阳起石呈纤维丝状，集合体呈放射状（EH-1-4）。石英不规则近圆形粒状，周围一圈绿帘石围绕（EH-1-1），好像作为斑晶产出。此外，薄片中有许多空洞，其中有的空洞为规则的长方形（EH-1-2），可能是单矿物制片过程中脱落所致。

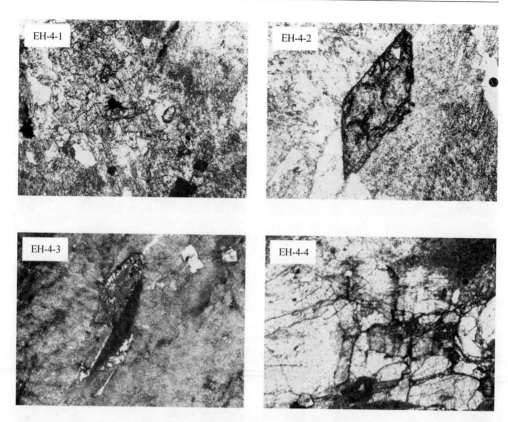

哈播南山单元：碎裂含石英角闪石正长岩

　　结构：他形粒状结构，半自形结构，交代结构。

　　矿物组成：岩石主要由钾长石组成，占全岩的 80%～90%，少量钠长石（5%～10%）、角闪石（占 3%～8%）、石英（占 1%～3%）和黑云母（占 2%～5%），不透明矿物的含量远小于 1%。

　　钾长石以微斜长石为主，少量的条纹长石和正长石，半自形板状晶体，大小为 0.5～>4mm，风化比较强烈，绝大部分晶面被浅褐色黏土矿物占领，裂隙发育，纵横交错，常见到隐约的格子双晶，有时见到角闪石包体，黑云母沿解理充填并交代长石。钠长石他形粒状，粒度为 0.3～1.8mm，在薄片中是透明度最好的矿物，甚至比石英透明度还好，双晶少见，环带构造不发育。角闪石见到很好的菱形横截面，多为不规则粒状，大小为 0.2～1.8mm，浅绿色、黄绿色、浅黄色，多色性明显，还见到卡氏双晶（EH-4-3），多半强烈绿泥石化，少部分有被黑云母交代现象。石英不规则他形粒状，粒径为 0.2～0.6mm，多分布于长石粒间。不透明矿物为黄铁矿或磁铁矿，副矿物以榍石（EH-4-2）和鳞片石为主，还有锆石（EH-4-1）和独居石。最大的鳞灰石达 0.2mm，榍石达 0.3mm。

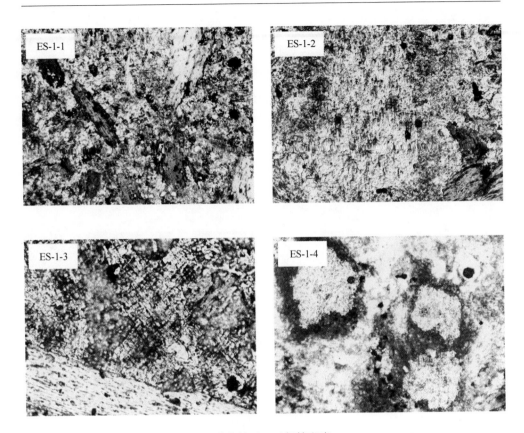

三道班单元：云辉煌斑岩

　　结构：斑状结构，自形晶结构，他形粒状结构，细粒结构。

　　矿物成分：岩石由斑晶和基质组成，其中斑晶占全岩的 40%~50%，基质占 50%~60%。斑晶主要是黑云母和辉石，其中辉石占斑晶的 30%~40%，黑云母占 60%~70%。斑晶的粒度多为 (0.2~0.6)mm×(0.08~0.2)mm，最大达 2mm。基质的粒度通常是 0.01~0.03mm，主要由黑云母和辉石组成，还有不透明矿物，占基质的 5%~10%。

　　黑云母不规则鳞片状，边界呈阶梯状，暗黄棕色、红棕色、浅黄褐色，个别黑云母有弱的绿泥石化。辉石不规则的柱状，边界不整齐，淡的绿色、无色，很弱的多色性，可见近于垂直相交的两组解理。近于平行消光，干涉色为一级黄。不透明矿物基本都是黄铁矿物和磁铁矿，不规则粒状，粒径为 0.01~0.02mm，呈浸染状稀疏分散产出。

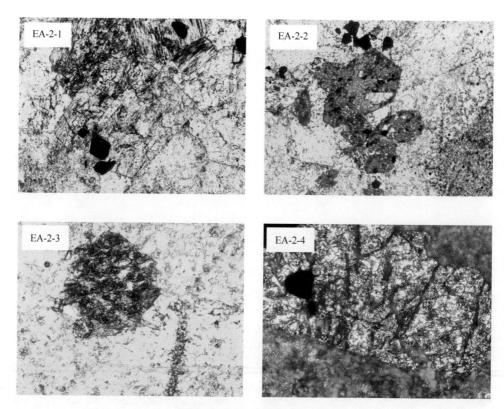

阿树单元：黑云母辉石正长岩

结构：自形晶结构，交代结构。

矿物组成：岩石主要由钾长石和辉石构成，其中钾长石占全岩 60%~70%，辉石占 20%~30%，黑云母占 10%~20%，角闪石占 1%~5%，不透明矿物的含量小于 5%。

长石不规则粒状，粒度为 5.3~1.2mm，多见隐约条纹双晶，所以长石主要是条纹长石，具有不同程度的黏土化现象。辉石短柱状（EA-2-1），八面形横切面（EA-2-3）见到近于垂直相交的两组解理，浅黄绿色、淡绿色，弱的多色性，一级灰干涉色。黑云母呈不规则片体，无明显边界，棕黄色、浅黄色，大小多为 0.8~1.2mm，产生次闪石化或绿泥石化。角闪石长石柱状，长宽之比为 3~5，浅绿色、淡黄绿色，干涉色一级，产生帘石化（EA-2-4）。一个未知矿物，很高的正突起，透明度很差，浅褐色，仿佛两组菱形相交的解理，正交镜下基本全消光（EA-2-2）。不透明矿物基本都是磁铁矿。

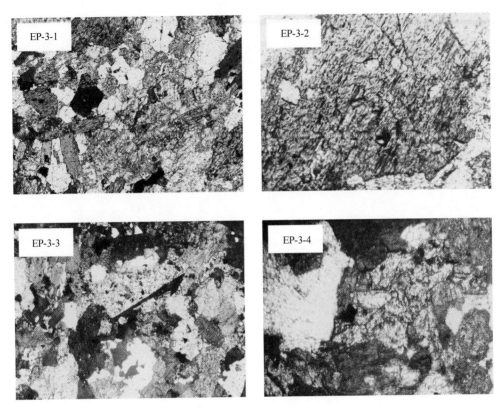

坪山单元：花岗闪长岩

结构：半自形结构，他形粒状结构，包晶结构，天窗结构。

矿物组成：岩石主要由钾长石构成，占全岩的 40%~50%，少量斜长石（占 20%~25%）、黑云母（占 10%~20%）和角闪石（占 10%~15%），很少量石英，占 1%~5%。

钾长石多为半自形板状晶体，大小为 0.1~2mm，多有弱的黏土化，晶面稀疏分布着浅褐的黏土矿物，偶见卡氏双晶。斜长石也是半自形板状晶体，大小与钾长石相近，晶面较干净，见到聚片双晶。黑云母不规则鳞片状，无完整圆滑的边界，大小为 0.4~0.9mm，暗红棕色、褐黄色、浅黄色、有弱绿泥石化。角闪石，不规则粒状，大小为 0.2~1.6mm，浅绿色、浅黄色，出现天窗结构（EP-3-3），较强的绿泥石化。石英近等轴状圆粒，粒径为 0.1~0.3mm，常产于长石粒间。不透明矿物基本都是黄铁矿，不规则的粒状，偶见近正方形晶体，粒度为 0.05~0.3mm，黄铁矿与暗色矿物学有密切关系（EP-3-2）。副矿物主要是榍石（EP-3-4），粒度达 0.3~0.5mm（EP-3-4）。